冶金历史文化丛书

炼铁记

——古代冶铁竖炉复原与模拟试验

北京科技大学冶金与材料史研究所
阳城县科技咨询服务中心　　著

U0316029

北　京
冶 金 工 业 出 版 社
2016

内 容 提 要

本书详实记录了对古代冶铁竖炉的复原与模拟试验的全过程，通过炉型设计、建炉、原料准备、冶炼过程、仪表记录、炉体解剖、取样分析等方面展示了复原与试验经过和结果，分析讨论了相关问题，为开展进一步研究奠定了良好的基础。

本书记录的内容，为国家文物局"指南针计划"项目"中国古代冶铁炉的炉型演变研究"研究成果，目的在于对古代生铁冶炼技术的深入挖掘与展示，弘扬中华文明优秀的工艺技术。

本书可供从事冶金史、冶金考古的专业人员和学生，包括对冶金历史文化感兴趣的广大读者参考，也可供冶金工程从业人员阅读。

图书在版编目（CIP）数据

炼铁记：古代冶铁竖炉复原与模拟试验 / 北京科技大学冶金与材料史研究所，阳城县科技咨询服务中心著. —北京：冶金工业出版社，2016.12
（冶金历史文化丛书）

ISBN 978-7-5024-7440-9

Ⅰ. ①炼… Ⅱ. ①北… ②阳… Ⅲ. ①炼铁—冶金史—中国—古代 Ⅳ. ①TF5-092

中国版本图书馆CIP数据核字 (2016) 第291835号

出 版 人 谭学余
地 址 北京市东城区嵩祝院北巷39号 邮编 100009 电话 (010)64027926
网 址 www.cnmip.com.cn 电子信箱 yjcbs@cnmip.com.cn
责任编辑 刘小峰 曾 媛 美术编辑 彭子赫 版式设计 彭子赫
责任校对 禹 蕊 责任印制 李玉山
ISBN 978-7-5024-7440-9
冶金工业出版社出版发行；各地新华书店经销；北京博海升彩色印刷有限公司印刷
2016年12月第1版，2016年12月第1次印刷
169mm×239mm；9.75印张；144千字；148页
89.00 元
冶金工业出版社 投稿电话 (010)64027932 投稿信箱 tougao@cnmip.com.cn
冶金工业出版社营销中心 电话 (010)64044283 传真 (010)64027893
冶金书店 地址 北京市东四西大街46号(100010) 电话 (010)65289081(兼传真)
冶金工业出版社天猫旗舰店 yjgycbs.tmall.com
（本书如有印装质量问题，本社营销中心负责退换）

前　言

　　铁是人类社会用途最广、用量最多的金属。铁的制造技术和产量是一个社会物质文明发展水平的重要标志。中国最早发明的生铁冶铁技术，可以高效、大规模地获得铁制品，是古代世界最重要的发明之一。目前的考古发现表明，中国至迟在公元前6世纪就开始用竖炉冶炼生铁，至公元1世纪左右形成了以生铁为基础的制钢技术体系，为中华文明的繁荣与延续提供了坚实的物质支持。

　　竖炉冶铁是一项复杂的工艺，具有丰富的技术内涵、较高的工艺要求和严密的管理机制，具备了工业化生产的雏形。现代学者主要从铁器和炉渣等冶炼遗物的角度对古代冶铁技术进行研究，对冶炼过程、工艺及技术特征等问题有一定的认识，但对反映冶铁工艺核心的冶铁竖炉的研究尚有待深入。

　　近年来，北京科技大学冶金与材料史研究所与兄弟单位合作调查、发掘了30余处古代冶铁遗址，获得了关于古代冶铁竖炉炉型、冶炼遗迹现象的丰富资料，开展了炉型复原研究，对冶铁炉的类型和演变有了基本认识。在此基础上对冶铁竖炉进行复原，并开展冶铁模拟实验，即从实证的角度对各种遗迹现象解读出的技术特征开展研究，具有重要的意义。

　　2013年春，北京科技大学冶金与材料史研究所与阳城县科技咨询服务中心合作，在山西省阳城县进行了古代冶铁竖炉复原和模拟试验。项目组以北京延庆水泉沟辽代冶铁遗址 3 号炉为原型，参照同时代其他冶铁炉遗址进行炉型复原，选用砂岩、页岩及黏土石英砂构筑炉体，专门烧制了符合冶炼需求的木炭，在当地购置了符合古代冶炼品位需求的赤铁矿，设计了鼓风系统进行冶炼，共同制定了上料、装料、送风方案。试验中还使用了热电偶、红外热成像仪、热线式风速计、压力变送器、无纸记录仪等多种现代技术手段，对冶炼过程进行全程监测并收集数据。冶炼结束后，对炉体进行解剖，进行图像文字记录，并进行了取样分析。试验获得的大量竖炉冶炼数据，为开展进一步研究奠定了良好的基础。

　　这次试验既是一次有目的进行学术研究的实验考古活动，也是一次冶金考古、传统工艺和现代炼铁生产几方面合作碰撞的一次非典型实践活动，值得记录下来。本书即是这次冶炼试验的纪实性报告，旨在通过实证方法揭示中国古代冶铁技术的内涵，进而展现中华先民的卓越智慧。

著　者

2016 年 10 月

目　　录

1　试验设计 ……………………………………………………………… 1

　1.1　冶铁场选址与布局 ………………………………………… 3

　1.2　炉型设计 …………………………………………………… 5

　1.3　鼓风系统设计 ……………………………………………… 9

2　建炉 …………………………………………………………………… 13

　2.1　原料准备 …………………………………………………… 13

　2.2　铺炉基 ……………………………………………………… 16

　2.3　砌炉缸 ……………………………………………………… 18

　2.4　砌炉腹 ……………………………………………………… 19

　2.5　安装风道 …………………………………………………… 21

3　竖炉炼铁 ……………………………………………………………… 24

　3.1　冶炼原料准备 ……………………………………………… 24

　　3.1.1　矿石 …………………………………………………… 24

　　3.1.2　燃料 …………………………………………………… 27

　　3.1.3　青石 …………………………………………………… 29

　　3.1.4　水 ……………………………………………………… 29

　　3.1.5　工具 …………………………………………………… 29

　3.2　冶炼操作 …………………………………………………… 31

　　3.2.1　点火和接火 …………………………………………… 31

　　3.2.2　上料 …………………………………………………… 32

　　3.2.3　鼓风制度 ……………………………………………… 37

　　3.2.4　放渣 …………………………………………………… 39

　　3.2.5　毛铁和炉渣回炉 ……………………………………… 42

　　3.2.6　捅风口 ………………………………………………… 42

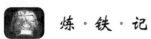

3.2.7　出铁情况 ……………………………………… 43

3.3　冶炼原料及过程中取样 ………………………… 45

4　炉温及鼓风测量分析 …………………………… 46

4.1　设备选型 …………………………………………… 47

4.1.1　热电偶 ……………………………………… 47

4.1.2　测风设备 …………………………………… 48

4.1.3　无纸记录仪 ………………………………… 49

4.1.4　热成像仪 …………………………………… 50

4.2　设备安装 …………………………………………… 51

4.3　误差分析 …………………………………………… 53

4.3.1　温度误差分析 ……………………………… 53

4.3.2　鼓风系统误差分析 ………………………… 53

4.4　测温数据及鼓风数据分析 ……………………… 53

4.4.1　炼铁炉内部温度分析 ……………………… 54

4.4.2　试验炉外壁温度分析 ……………………… 58

4.4.3　出铁出渣测温分析 ………………………… 60

4.4.4　风速风量分析 ……………………………… 60

4.4.5　风压分析 …………………………………… 60

5　炉体冷却与解剖 ………………………………… 65

5.1　炉体冷却 …………………………………………… 65

5.1.1　炉体冷却方案 ……………………………… 65

5.1.2　冷却温度曲线 ……………………………… 66

5.2　解剖与取样 ………………………………………… 68

5.2.1　标高与取样方案 …………………………… 69

5.2.2　解剖、取样过程 …………………………… 71

5.3　解剖总体认识 ……………………………………… 76

6　实验室分析 ……………………………………… 81

6.1　分析目的 …………………………………………… 81

6.2　样品及实验项目 ··· 81

6.3　实验结果及讨论 ··· 84

　　6.3.1　冶炼原料 ··· 84

　　6.3.2　砌炉原料、制品及解剖后炉壁 ····················· 85

　　6.3.3　炉渣和铁块 ··· 89

6.4　分析认识 ·· 93

7　试验总结 ··· 95

7.1　炉型的影响 ·· 95

7.2　风口前空腔内型 ··· 96

7.3　炉料选择与加工 ··· 97

7.4　料批与料线设置 ··· 98

7.5　鼓风参数设置 ·· 99

7.6　冶炼故障及排除 ·· 100

7.7　策划、组织与协调 ··· 102

附　录 ··· 105

附录1　开炉祭祀仪式 ·· 105

附录2　建炉材料取样表 ··· 111

附录3　造渣出铁表 ·· 113

附录4　冶炼过程采样表 ··· 118

附录5　无纸记录仪记录数据表 ····································· 120

附录6　热成像仪记录数据 ·· 132

附录7　炉体解剖取样表 ··· 137

掠　影 ··· 140

后　记 ··· 146

1 试验设计

生铁冶炼是一项十分复杂的系统工程。从西周起源经春秋战国发展，冶铁技术到汉代基本成型，能够实现大规模生产。至宋辽时期已经发展到相当高的水平，炉身角、炉腹角、风道设置等炉型特征和筑炉工艺已成熟定型，普遍使用了含钙、镁的矿物作为助熔剂，懂得控制木炭、矿石的粒度和硬度来维持炉内透气性，使用木扇作为鼓风器。这一时期的竖炉冶铁工艺已经成为中国古代冶铁技术的典型代表。

然而，宋辽时期的冶炼工匠们具体是怎么操作的？上料制度如何，温度制度如何？各种工艺要素在冶炼中发挥了什么作用，还有哪些需要完善的地方？冶炼中会出现哪些问题，如何应对？开办一个冶铁场，需要全面考虑的问题有哪些？还有其他各种问题，只有按照一定的学术规范开展实际冶炼试验，才能深入认识和解决。对此，项目组在试验设计环节把握基本原则，突出问题意识，依照实际条件，对每一步都进行精心设计，以图取得最佳试验效果，以期全面研究宋辽时期竖炉冶铁工艺。

宋辽时期冶铁炉遗存数量较多，分布较广。本次试验以保存较好的北京延庆水泉沟辽代冶铁遗址 3 号炉为原型，等比例缩小后，建炉冶炼，并对试验炉进行炉体解剖、取样分析检测等科学研究。这些结果将与冶铁遗址所得进行比较研究，从而得到更加丰富的认识。

总体来讲，本次试验设计遵循以下基本原则：

第一，按照考古发现确定冶铁试验技术特征。即使某些技术环节今天看不够合理先进，如单风口俯射吹角，也应依照考古发现，这样才能是真正意义的古法冶铁技术复原。

第二，考古发现有部分缺失的，复原参考同时代其他遗址资料进行。如水泉沟 3 号炉炉顶缺失，根据同时代的冶铁炉的高径比推算出炉高。

第三，实际冶炼操作中，尽可能依照古代工艺制度执行，在不影响大局条件下也可局部采用现代手段。如在不影响炉内入口风压风温的前提下，采用鼓风机送风。

试验流程（图1-1）包括选址布局、建炉安装、原料准备、开炉冶炼、停炉解剖等阶段以及鼓风系统、仪表检测系统等。

图1-1　古代冶铁竖炉复原试验流程

1.1 冶铁场选址与布局

冶铁场选址和布局对冶炼工作能否顺利开展影响很大。冶铁场选址要考虑原料燃料、人力资源、场地安排等问题，具体布局考虑冶铁各工序操作方便、交通便利、空气流通等方面。

多方考察后，项目组将试验地点定为山西省阳城县蟒河镇范上沟村（图1-2），选择村委会门前空地开展试验（图1-3）。这里场地宽阔，紧邻河道，交通便利，以后可继续展示利用；村委会庭院宽阔，方便住宿。炉体修在道路转弯处的台阶下，炉门朝开阔地面方向。炉后置鼓风机，炉前建工棚，堆场堆放矿石与燃料（图1-4）。

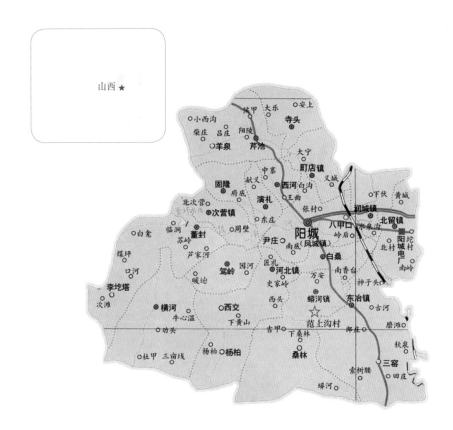

图 1-2　冶铁试验所在地——山西省阳城县蟒河镇范上沟村

图 1-3　村委会门前的空地

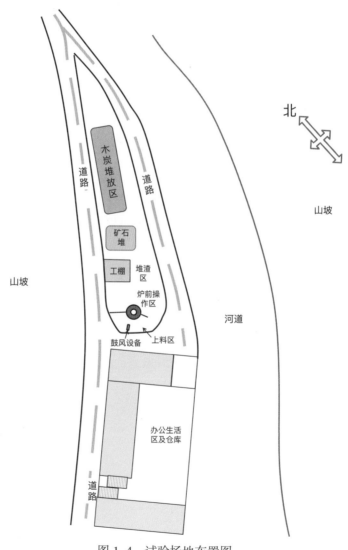

图 1-4　试验场地布置图

1.2 炉型设计

研究发现，汉代和宋辽时期是我国古代冶铁技术的两个高峰时段。宋辽时期冶铁技术尤为先进，文献记载、遗址遗迹和实物资料更加丰富。本试验以宋辽时期冶炼技术为原型，开展模拟研究。

宋辽时期炉址保存较好、且经过正式考古发掘的遗址当属北京市延庆县大庄科乡辽代矿冶遗址群。该遗址于 2011 年至 2016 年经过多次考古发掘，已取得了许多重要资料，曾获得 2015 年"全国十大考古新发现"。其中，水泉沟 3 号炉（图 1-5，图 1-6）保存最好，炉腰大部分及以下部分内形完整、清晰，鼓风口、炉门的损坏较轻。炉型与中原地带其他遗址的石砌炉型接近。考古调查与发掘过程中，项目组成员先后采用人工和三维激光扫描的方式对炉址现状进行了测绘。

3 号炉炉喉以下部分基本存留，残高 3.5m，炉腹内径 2.6m，炉体横截面近似圆形，炉底基础呈椭圆形，有明显的炉身角，并向炉门方向倾斜。

炉底部用经过细加工的耐火土填实，形成高炉基础。鼓风口在炉腹部位，正对炉门，开口呈长方形，高 0.35m，宽 0.2m。炉门位于炉身下部，方向朝东，近似拱形。炉门下部有出渣槽，两侧壁及底部均为灰褐色硬质底面。

炉壁内侧用较为整齐的石块砌成，十分平整，缝隙平直、细小；外侧用较粗大石块围砌；炉内壁是烧流区域，黏结大量不规则的坚硬渣状物，渣断口有的呈玻璃状，有的呈蜂窝状。

在遗址周边堆积了大量冶炼渣。根据前期分析，大部分炉渣质地紧密，流动状态较好，铁颗粒较少，较好地实现渣铁分离，反映出该冶铁场的冶炼技术较为成熟。

参考大庄科辽代矿冶遗址群以及宋辽时期其他遗址的冶铁竖炉，项目组复原了水泉沟 3 号炉停炉前的炉型（图 1-7）。

整体炉高 3.8m，内部横截面接近圆形，内部直径：炉口处 0.6m，鼓风口处 1.6m。炉缸、炉腹部分较为宽大，鼓风口一侧有较大的弧度，周围损坏明显；进风口以上部位向内倾斜；接近炉喉部位有明显的收口。

图1-5　水泉沟冶铁遗址3号炉

炉壁砌筑痕迹

鼓风口（内）

鼓风口（外）

炉体俯视

图1-6 水泉沟3号炉局部视图

单位：cm

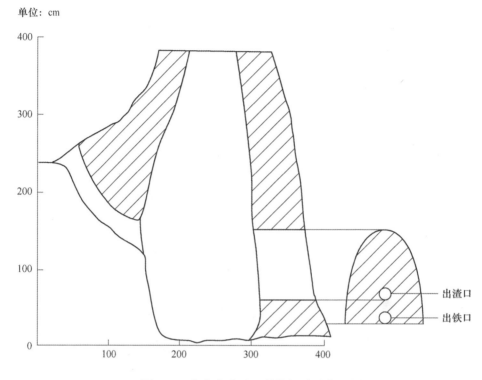

出渣口

出铁口

图1-7 水泉沟遗址3号炉初建成复原图

本次试验的炉型以水泉沟3号炉为基础进行设计，主要是在图1-7的基础上，缩小炉容，并对各部位的尺寸进行了具体化、明细化，设计了各个部位材质、尺寸。此外，还设计了热电偶的安装位置及类型。试验炉最终炉容约为0.7m³。

炉基：炉基位于最下面，全高400mm，直径2500mm。先用生石灰铺垫，夯实，起到隔水防潮的作用，厚50mm。上面用石块砌筑，厚350mm。上面再铺一层细沙，填平、夯实。

炉壁：炉壁全高2250mm，外径1500~2100mm，内径500~1000mm。整体用石块砌筑，分内外两层，用黏土和石英砂粘接。两层之间填入黏土、石英砂半干混合物，捣实。

炉底：炉底全高450mm，直径800mm，用半干的黏土、石英砂和少量木炭粉混合物反复夯筑，务求坚实。

炉衬：内衬厚 500~1000mm，用黏土、石英石逐层涂抹、烤干。

鼓风道：位于炉壁后方，中心线对准鼓风口与出铁口出渣口的中心连线。采用预埋耐火土质管道的方式。

炉门：炉门位于炉体前方下部，上面有出渣、出铁口，比炉壁略薄，便于捅开及渣铁流出。

堆土：炉后堆土，与鼓风道入口下齐平，便于鼓风、上料等操作。炉前也有堆土，在出渣出铁口形成一个缓坡，以供液态渣铁顺利流出。

在炉底和炉壁布置 5 层热电偶，采用预埋方式。试验炉设计如图 1-8 所示。

1.3 鼓风系统设计

鼓风系统是冶铁生产中的重要组成部分。鼓风设备提供的风压、风量等对冶炼运行、产量、效率有重大影响。中国古代冶铁技术的每次重大进步几乎都伴随着鼓风技术的改进。

宋元时期冶铁鼓风设备使用较多的是木扇。木扇属于单作用活塞式鼓风器，外壳用土砌成或用木制，一侧安装一木扇盖，扇盖上安装进风活门，推拉扇盖形成气流。相比之下，木扇的密封效果较好，结合摆动式鼓风，更容易产生较高的风压。据考证，木扇可能出现于唐代，兴盛于宋元，明代后被双作用活塞式木风箱部分取代，但在冶铁场所仍多见使用，直至现代。

水泉沟冶铁遗址考古发掘未发现鼓风设备和鼓风嘴等遗存，相关遗迹只有在炉内靠土崖一侧的鼓风道。经考证，鼓风道设计的大小和方向正符合使用木扇鼓风的需求。辽与宋、西夏之间通过商贸往来、战争掠夺和人口迁徙等方式有着密切的交流。木扇作为一种常用甚至是必用的鼓风设备，必然存在国与国之间的技术传播。因此推测，水泉沟辽代冶铁遗址当初使用的鼓风设备应当是木扇。

本次试验如果使用木扇鼓风，需 4 个人同时驱动，1 昼夜 3 个班次，共计 12 人。由于经费所限，为了冶炼顺利进行，试验使用了三相电力离心式中压风机鼓风，通过调节进风口大小，将鼓风性能参数控制在古代木扇性能

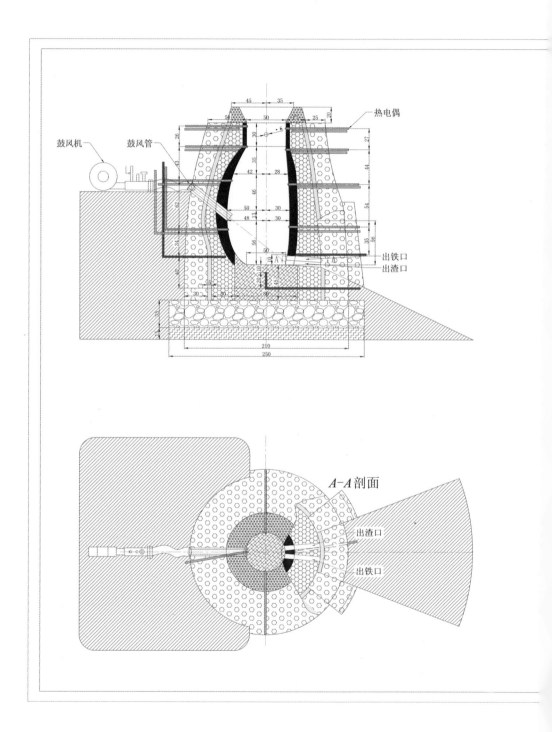

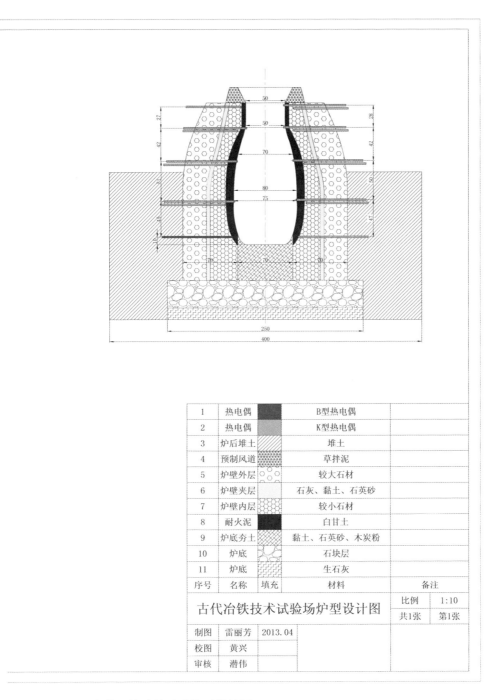

1	热电偶		B型热电偶	
2	热电偶		K型热电偶	
3	炉后堆土		堆土	
4	预制风道		草拌泥	
5	炉壁外层		较大石材	
6	炉壁夹层		石灰、黏土、石英砂	
7	炉壁内层		较小石材	
8	耐火泥		白甘土	
9	炉底夯土		黏土、石英砂、木炭粉	
10	炉底		石块层	
11	炉底		生石灰	
序号	名称	填充	材料	备注
古代冶铁技术试验场炉型设计图				比例 1:10
				共1张　第1张
制图	雷丽芳	2013.04		
校图	黄兴			
审核	潜伟			

图 1-8　古代竖炉冶铁试验炉型设计图

参数范围内。

鼓风性能参数计算有两种依据。

根据调查山西阳城犁炉和云南罗茨果园村炉资料，正常冶炼时单位炉容风量分别为 4.22m³/min、4.06m³/min。本次试验炉容约 0.7m³，小于以上两种竖炉，实际冶炼中，小容量高炉普遍采用强化冶炼，单位炉容风量需求较高；再考虑到管道泄漏，正常冶炼时风量约为 5m³/min，考虑到峰值调节，鼓风器能提供的最大风量约为 10m³/min。

此外，对元代文献《熬波图》"铸造铁盘"图中相近炉容所配备的木扇性能推算，其正常工作下提供的风量约为 11.4m³/min，风压约为 2273Pa。

根据以上计算，本次试验设计的风机风压 2000±500Pa，风机最大风量为 9±5m³/min，根据实际情况可适当调节。

为实时记录相关参数，在送风管道上安装了热线式风速计测量风量；安装三通管，连接膜盒式风压表和压力变送器，测量风压。前者可以直接观察调节风压，后者连接无纸记录仪，自动记录数据。鼓风系统设计如图 1-9 所示。

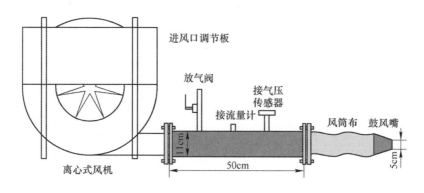

图 1-9　鼓风系统设计图

2 建　炉

　　建炉方案是由项目组成员提出,依照古代遗址考察结果,考察不明部分与施工工匠共同协商进行。所有砌炉材料就近采办,并留下标本样品供化学分析检验(附录2)。正式砌炉时间是从2013年5月15日至21日,共计7天。

2.1　原料准备

　　岩石:岩石主要作为试验炉的炉体材料。本次试验所使用的岩石多为本地的页岩和砂岩,由项目组在当地采石场购买,共计4m³(图2-1)。

图2-1　砌炉原料的长片状页岩

　　黏土:黏土是试验炉炉基材料、接缝材料和炉衬材料的重要组成部分,也是堆筑炉后工作台的主要原料。本次使用的黏土全部取自模拟试验场地往南山谷深处的山坡上,黏土呈红色粉末状,有时裹挟较大颗粒;全部用量约20m³。

　　黏土在使用前经过两次筛选,筛眼约5mm,可分为粗黏土和细黏土,粗黏土主要使用在制作炉基材料中，而细黏土主要使用于制作炉衬材料和岩石间的接缝材料中，未经筛选和剩余的红黏土均用来堆筑炉后工作台（图2-2）。

石英砂：石英砂是试验炉炉基材料、接缝材料和炉衬材料的重要组成部分。本次使用的石英砂有三种：一种为细粉末的石英砂（图2-3），一种为黄河砂，一种为粉碎砂岩后的石英砂。

细石英砂为工业粉碎后的产品，呈粉末状，只在制作炉基时使用过，后

图 2-2　砌炉的黏土原料以及经第一次筛选后的黏土

图 2-3　炉基材料中的细石英砂原料和红黏土

发现其颗粒太过细小，不适合作为冶炼炉的材料，因此弃用。

黄河砂为大小不等的石英砂和各类小颗粒岩石的混合物，经过筛眼约5mm筛选，主要用来制作炉衬材料和接缝材料（图2-4）。本地的砂岩经粉碎后所得到的石英砂也可作为炉衬材料和接缝材料的重要组成部分（图2-5）。在砌炉的前半段主要使用黄河砂，后半段主要使用砂岩石英砂。

石灰：石灰只用在炉基最底部材料的制作中，本次试验使用的石灰呈粉末状，为工业产品，由项目组在当地采购。

图2-4　经筛选后的黄河砂原料

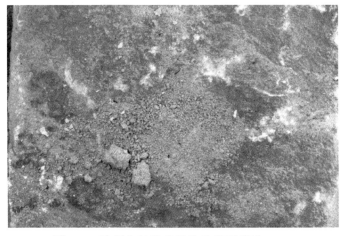

图2-5　砂岩和经粉碎后的砂岩石英砂

2.2　铺炉基

　　炉基从地面以下 40cm 开始铺设，最底层铺了 20cm 厚的生石灰，在中心点放了一小块红布，讨吉利。生石灰不易直接夯，上面铺一层细沙，先用直径 10cm 的木头轻夯，再用大石头夯实。再在上面开始砌岩石炉体。岩石层厚约 20cm。岩石上面再铺一层细沙，继续夯实。在上面插一根细钢筋作为中点，再用石灰撒出建炉的内外径及出渣出铁口的位置（图 2-6~ 图 2-10）。

图 2-6　挖炉基坑

图 2-7　铺石灰粉

图 2-8 夯石灰粉

图 2-9 砌炉基

图 2-10 定炉基
中心划定炉内外径

根据现场状况，为了便利炉前出渣出铁及相关操作，将炉门设置为面朝堆场前道路的方向，方向为北偏东40°。

2.3 砌炉缸

按照设计，炉缸底部高出地面约60cm，在最下面埋设了第一支热电偶。炉缸的炉壁上制作了炉门、出铁口、出渣口。在炉内铺了石英砂和黏土混合物，略微掺水，使之在手中能握成松散的沙团。用直径约10cm的木桩将炉底夯实。在炉内外放置木柴，烘烤炉子（图2-11~图2-13）。

图2-11 夯炉底

图2-12 砌炉门

图 2-13　烘烤炉缸

2.4　砌炉腹

砌炉腹先要定炉心。做法是用尺子量好炉底中心，堆一块草拌泥，将铁杆插进去，以铁杆为参考，根据设计尺寸围砌炉腹。

炉腹部位的炉壁分为两层砌筑，中间留 7cm 左右的夹层，填入比较干的黏土和石英砂混合物，用锤柄捣实。这一方面是为了保温，同时预防炉壁形成贯通裂缝（图 2-14）。

炉腹建到 40cm 左右时，在内壁抹泥。泥用石英砂和黏土对半调制，事先做成拳头大的泥团，适合手持。再钻进炉内，用泥团粘起炉壁上的灰，再调转泥团，用力将其甩到炉壁上，用手抹压，表面留下手指印，尽量粗糙些，不能弄平，以利以后抹泥（图 2-15，图 2-16）。

从炉缸起，在炉壁上安装 4 层热电偶。先用薄石片搭一个槽道，将热电偶放进去，一个深一点，将来抹内衬后，能伸进入炉内 0.5cm；另一个浅一点，短 10cm，埋入炉壁石头内。中间填泥后，再盖上薄石片（图 2-17）。

砌炉过程中，砌炉师傅不时用吊线的方法测定中心杆是否垂直，用卷尺测定各处尺寸。他们看不懂炉体三视图纸，特别是把握不好炉腔内型，需要

图 2-14　捣炉壁夹层

图 2-15　制作泥团

图 2-16　抹炉衬

与设计者密切沟通。砌炉师傅按照自己的方式，选定炉底、鼓风口、炉腹、炉腰、炉喉、炉口等几个关键层，制作了带标记的木棍，丈量内径长度，控制炉腔内型。

图 2-17　安装热电偶

2.5　安装风道

安装风道是建炉的关键工作之一。鼓风管以草拌泥为原料。将之在地面上反复摔打，揉好。先做成面饼状，卷在一根木棒上，反复擀制，做成管状。一次做成 5 个，以作备用。将鼓风管架在炉壁上，对准出渣口和出铁口的中间点；水平角约 40°（图 2-18，图 2-19）。砌炉师傅认为这个角度太大，风口下面会形成死角，会"坐炉子"（即炉凉）。由于考古发现结果如此，本次试验的目的之一即是要考察这种风道布局造成的影响，因此坚持按照原设计执行。

炉体建高后，用 5 根螺纹钢筋搭了一个架子，架子中间挂垂线定中心。砌到炉腰时，清理了炉内灰烬，建炉师傅进入炉内，从下往上抹内衬泥。这次泥层抹得比较薄，直到热电偶露 0.5cm 的小头为止。设计方的检测工作也越来越频繁，也会进到炉内测量各部分尺寸是否符合规格。炉内虽然没有火了，但温度仍然很高，而且缺氧（图 2-19）。

快砌到顶时，在炉体一侧炉壁内预埋了 1 根钢质寸管，作为取气口。钢管穿过炉壁，不露头，试验时用小功率抽气机抽取炉内煤气，待成分分析。

最终砌好的炉体如图 2-20 和图 2-21 所示。

图 2-18　安装风道

图 2-19　抹炉衬

图 2-20　建好的炉体
及操作平台（正面）

图 2-21　建好的炉体及操作平台（侧面）

3 竖炉炼铁

3.1 冶炼原料准备

3.1.1 *矿石*

本次试验所用矿石取自山西省阳城县横河镇红花掌铁矿（图3-1）。矿石呈窝矿分布，条痕褐色；经分析为针铁矿，系由黄铁矿或磁铁矿风化形成，过去的犁炉也以此为原料（图3-2）。

图 3-1　山西阳城红花掌铁矿露天矿坑

图 3-2　未经焙烧的铁矿石

入炉之前，矿石要进行焙烧、破碎和筛选。

焙烧在矿料堆场开展，选用当地的栎树作为燃料，先铺上高约50cm的燃料堆，将矿石围绕燃料四周，依石块大小自下而上垒起来；最后在顶部留40cm见方的点火口，插入木柴（图3-3）。

图3-3 焙烧矿石

从顶部点火，木柴逐渐消耗，上部矿石自然下陷。不时用大锤将矿石破碎、挪动，使其均匀下降。焙烧3昼夜后，柴火基本熄灭，在矿堆上用大锤将块矿进行一般破碎。再将小块矿移至平地进一步破碎。这时使用特制的砸矿工具，外观呈钮状，直径约10cm，其上有一穿孔，孔径约3cm，穿3m长的软木杆；圆底面为砸矿面。砸矿时，臂膀舒展，将矿锤抡转，利用锤头的冲量砸矿。再将矿石过3cm筛，才可入炉（图3-4～图3-7）。

图 3-4　砸矿石

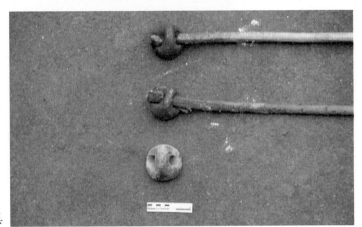

图 3-5　砸矿的工具

图 3-6　筛选矿石

图 3-7　焙烧和粉碎后的铁矿石颗粒

3.1.2　燃料

竖炉炼铁中，燃料发挥了发热、还原、渗碳和支撑骨架等四方面作用。古代主要使用木炭冶炼生铁，一直延续到近代。

古代文献有一些用煤炼铁的记载。如《水经注》引公元 4 世纪《释氏西域记》："屈茨北二百里有山，夜则火光，昼日但烟，人取此山石炭，冶此山铁，恒充三十六国。"宋代苏轼《石炭》一诗："彭城旧无石炭，元丰元年十二月，始遣人访获取于州之西南白土镇之北，以冶铁作兵，犀利胜常云""南山栗林渐可息，北山顽矿何劳锻。为君铸作百炼刀，要斩长鲸为万段。"

但用煤炼铁技术难度较高：煤容易粉化、煤中的硫会进入铁中，造成热加工时钢的开裂，即热脆性等。本次试验模拟的水泉沟辽代冶铁遗址也用木炭冶炼，项目组前期考察过的 30 余处古代冶铁遗址，都没发现用煤或焦炭的迹象。因此这次试验采用木炭炼铁，并委托一家木炭厂按照古代冶铁需求，采用硬木烧制木炭（图 3-8）。

炼铁用的木炭要求热值高、强度高，颗粒大小在 5cm 左右。阳城当地传统冶铁使用栎属檞木烧制木炭炼铁。木炭烧到"三茬七炭"程度，以保留木炭的强度和韧性。

图 3-8　木炭厂的炭窑

烧一窑炭约需要 2~3 日，待窑顶冒烟变得清淡，即可封死进风口，让炉膛自然冷却。3~4 日后打开炉门，取出木炭。装一窑所需木柴约 2t，能烧出 1t 炭（图 3-9）。

根据事先的推算，烘炉用炭 2t，冶炼试验为期 3 天，每天用炭约 3t，再加上备用炭 2t，共计 13t。

图 3-9　木炭出窑

3.1.3　青石

青石是冶炼过程中的助熔剂，取自试验场附近河谷中，用铁锤将其砸碎至不超过 5cm 大小的颗粒后使用（图 3-10）。此次使用了两种不同的青石，当地人分别称为老青石和青石。

图 3-10　砸青石

3.1.4　水

水是做炉衬、接缝材料时需要，全部取自当地农户的自来水。用水箱装水，先后用木板拖车和拖拉机运回；偶尔停水时也从山沟上游挑水。取水量总计 40 车，约 20t，主要用于制作筑炉材料、鼓风管和解剖前浇炉子降温。

3.1.5　工具

按照项目组几位经验丰富师傅的要求，铁器加工厂专门加工出了这次冶炼需要的各种工具。这些工具包括顶火、火枪、铁耙、火钩、捅风棍、铁钎（图3-11）。

顶火，用前面的圆铁片全面封闭渣口、铁口

火枪，用前面的尖将泥塞送入渣口、铁口

铁耙，扒渣

火钩，钩渣

捅风棍，从炉顶捅炉

铁钎，捅渣口、铁口

图 3-11　炉前使用的工具

3.2 冶炼操作

3.2.1 点火和接火

装料时，先在炉底装引火软柴，再装木炭。木炭要求大小均匀，不能有碎面，影响炉内透气性。木炭要装到在炉顶形成一个尖。

2013 年 5 日 30 日下午 4 时，经过了一个简单的仪式（见附录 1），然后正式点火。点火时，先在炉门前点燃压扁的油荆木，燃烧稳定后，从铁口伸入炉中，点燃炉底的引火柴（图 3-12）。点燃之后，烟徐徐从炉顶冒出。开始是白烟，慢慢烟变浓变黄。等浓浓的黄烟在炉顶冒了一段时间之后，炉前师傅把点燃的干草秸放到炉顶，引燃炉顶煤气，这叫做接火（图 3-13）。

开炉前期，铁口和渣口要敞开一段时间，让火苗喷出（图 3-14）。这样有助于炉门和炉底升温，预防炉缸冻结，保证渣铁顺利流出。

图 3-12 点火

图 3-13　接火

3.2.2　上料

上料首先要确定料线，即分批装料时炉内炉料的高度位置。传统竖炉料线没有固定的测算方法，需要综合考虑炉型，依炉料和装料制度来划定炉口之下的料线。

经项目组讨论，决定把料线定在炉口之下 50cm 处。从冶炼过程来看，这样处理是比较合适的，因为料线与炉口之间的空间正好容下每批炉料，这样在有限的条件下充分利用了有效炉料行程。

从开始上料批到最后一次加料批共 42.5h，期间共上料批 74 次，平均每小时上料批 1.74 次，每隔 0.57h 上一次料。从每小时加料批次来看，这次试验加料次数偏少。

每次上料基本都是倒同装（除一次顺装外，正装吃炉心，倒装吃炉边，同装吃炉心，分装吃炉边）。在实际操作中，先用料篮加木炭，把木炭摊平后再在其上加矿石和青石，这两样都是用铁锹均匀地撒在木炭之上（图 3-15，图 3-16）。

图 3-14　开炉初期打开渣铁口为炉底升温

图 3-15　加木炭拍实表面

图 3-16　加木炭

图 3-17　协商加料方案

试验过程中，根据运行状况对上料制度进行了数次调整（图 3-17），情况如下：

第一次改变（5 月 30 日 21:35），木炭 17.5kg，矿石 3.5kg，青石 1kg。进行了 4 批，中间第 3 次加渣 4kg。

第二次改变（5 月 30 日 23:20），木炭 17.5kg，矿石 5kg，青石 1kg。加大矿石配比。进行了 3 批，第 7 次加渣 4kg。

第三次改变（5 月 31 日 0:15），木炭 17.5kg，矿石 5kg，青石 2.5kg。青石改为 2.5kg，并开始加毛铁 1.5kg。共进行了 11 批。

第四次改变（5 月 31 日 4:16），木炭 35kg，矿石 1.75~5kg，青石 1.5kg。之前 18 批料一直是以 17.5kg 木炭为基准，之后是以 35kg 木炭为基准，矿石又恢复到了 3.5kg，青石减少到了 0.5~1kg，不加毛铁。共进行 11 批次。

第五次改变（5 月 31 日 8:45），木炭，35kg，矿石 10kg，青石 3.5kg。因为渣铁不分，决定加大青石的量。共进行了 9 次，中间 1 次顺装，最后 2 次开始加渣。

第六次改变（5月31日13:56），木炭35kg，矿石7.5~9kg，青石1.5~3.5kg。矿石减少，青石减少，加入渣5kg。木炭进行手选，除去大块，筛去碎面，往炉内加较为均匀的木炭。共进行了14批。

第七次改变（6月1日0:07），木炭35kg，矿石7.5kg，青石3.5kg。渣增加为7.5kg。共进行了9批。

第八次改变（6月1日8:00），木炭35kg，矿石12kg，青石2.5kg，渣7.5kg。此时炉况不正常，渣铁不分，估计可能是因为青石，之前用的小青石过早化了，没有起到分渣的作用，老青石耐化，需要改用老青石。于是青石改为老青石5kg，相当于用原来青石2.5kg，矿石改为12kg，并间或加毛铁0.5kg。共进行了12批次。

第九次改变（6月1日15:35），木炭35kg，矿石12kg，青石5kg，渣12kg。经过会议讨论决定不加毛铁，木炭整粒。

总体来看，本次试验的矿石加入并不多，冶炼负荷较轻。

上料制度如图3-18所示。

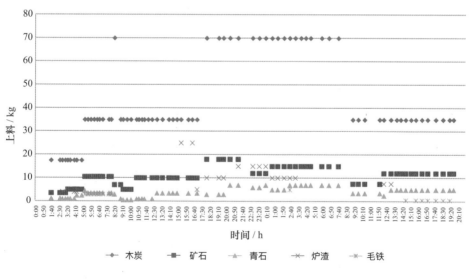

图3-18　上料制度图

3.2.3 鼓风制度

本次试验测量记录静压、风量、风速、风温及湿度等鼓风参数（图 3-19，图 3-20）。其中风压、风量两类数据用手动与自动的方式共记录了 4 组（图 3-21）。正常冶炼情况下，风压数据保持在 1000~2000Pa，风量基本保持在 6~8m³/min。由于风筒布、风嘴处漏风较严重，管道风量损失约 30%，即入炉风量约 4.2~5.6m³/min，单位炉容风量约 4.2~5.6m³/min，属于高强度冶炼。

图 3-19 鼓风装置

图 3-20 鼓风监测与记录设备

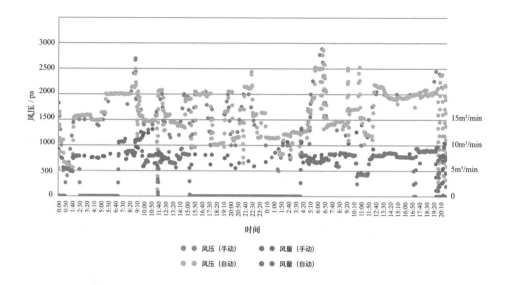

图 3-21 风压、风量自动与手动记录数据

从图 3-21 可见，风压的手动记录值与自动记录值相符程度较高，自动记录值采样密集，曲线变化很快；手动记录风压采样较松散，曲线较为平滑。总体来看，大的波动在两种曲线上同时体现了出来。说明风压的两种记录数据质量较高。相比之下，风量数据质量略差，热线式自动记录仪使用干电池工作，每隔 4、5 个小时需要更换一次电池，中途还有两次设备故障，数据缺失（30 日 22:29:05 至 31 日 02:54:08;31 日 11:14:11 至 23:59:14）。风量手动记录值与自动记录值曲线基本在同样水平，但吻合程度欠佳。风量自动记录缺失时段可以参考相应自动记录时段。

5 月 30 日夜间至 31 日凌晨 5 时之前，风压风量较为平稳，风压保持在 1500~2000Pa，风量保持在 8m³/min 左右。

5 月 31 日 5 时左右，风压上调至 2500Pa，风量逐渐上升；稍后风压骤降，至 7 时风压降至 1500Pa，但风量升到 12~13m³/min。可能是风力加强后，炉内燃烧剧烈，孔隙度增大，透气性改善，其对炉内冶炼的影响还需要与冶炼情况结合讨论。7 时 30 分至 20 时，风压在 1000~2000Pa 之间跳动，不稳定，风量也随之波动，其中有人为调风因素，也有炉况不稳透气性变动引起风压风量变化。20时至6月1日凌晨1时，风压保持在1200Pa上下，到3时之前，又上升到2500Pa，一度达到2700Pa，但风量数据并无显著变化。4时至6时之间，风压又有几次突变，6时至8时之间，风量两种数据有较大差异。8时起，风压稳定在2000Pa，风量稳定在8m³/s左右。15时左右，由于人工调整鼓风嘴，风压和风量两次骤变。16时风口被冻结，停止鼓风。

3.2.4 放渣

出渣出铁制度和结果详见附录3。

冶炼开始鼓风约20min后流出炉壁渣；鼓风开始后5h20min开始出冶炼渣，说明一个炉料行程用时约5h20min。

冶炼中共捅出渣62次，加上前面3次掏灰，平均每小时开铁、渣口1.53次，每隔0.65小时开1次口[1]。

一般情况下每0.5h左右开1次口，但有时10min左右开1次，间隔最长的为2.5h。6月1日凌晨开口间隔较长，分别是30min、1h45min、1h7min、1h7min、13min、2h30min，而这之后炉况转好，出铁较多。另一个时间段是6月1日中午，操作有序，炉况较好，出可流动的铁。

每次开口都会用铁钎捅。如果捅不开，就用大锤敲铁钎凿，有时还在炉门前的石头上横放一根铁钎，用来支撑捅铁口（渣口）的铁钎（图3-22，图3-23）。

渣口打开之后，流动性较好的渣会自动流出，比较黏稠的渣就需要往外勾。在冶炼中后期，炉内铁口及铁口之下渣铁凝固造成堵塞时需要从铁口上部捅开小口往外流渣。渣流出之前，炉前师傅会在炉门外用砂子做一个通道，让流出的渣顺着通道流出来（图3-24）。

堵铁口（渣口）时，先抓一把砂子快速从外往铁口（渣口）里面撒，因为砂子中的主要成分是硅，其熔点较高，不易熔化，有黏结铁口的作用。提前用红泥+水+少许木炭粉做好（图3-25），把圆锥形炮泥安在火枪尖上，

---

[1] 阳城犁炉冶炼时铁口约0.5h开一次，渣口每0.5~1h开一次。由于炉容小，故试验用炉间隔时间更长，这样也有利于炉内保温。

推入铁口（渣口）（也可以放在铁锹上，用铁锹推入）。拔出火枪后，再用顶火前部的圆铁片推炮泥底部，完全堵上铁口或渣口（图3-26）。有时，为了活跃炉缸，让铁口出风，也会让铁口（渣口）一直敞开。

图 3-22　捅铁口

图 3-23　清理铁口内的残渣

图 3-24　出渣

图 3-25　堵铁口、渣口用的炮泥

图 3-26　堵渣口

3.2.5 毛铁和炉渣回炉

毛铁是冶炼时流出的渣铁混合物，铁水喷溅在地上或沾在出铁口上的遗留物，也有生锈生铁块的边角料。毛铁中夹有炉渣，熔点较低，入炉之后熔化较快，毛铁中的铁与炉渣反应，增加炉渣中 FeO 的含量，从而降低炉渣的黏度。这样有利于解决炉壁挂渣问题，也有利于预防炉底冻结。

炉渣，特别是反应不完全的渣中含有较多的 FeO，FeO 还原为 Fe 只是一步反应，比还原 Fe_2O_3 容易，所以炼铁的时候一般把前期炉况不稳时流出的渣重新回炉，再次还原。

3.2.6 捅风口

冶炼过程中，有时会出现进风不畅现象，直接影响炉内供风和炉前操作，如造成炉门冻结。当渣口和铁口捅不开时，即使用大锤、钢钎来凿也无济于事。这时需要停风，用钢钎从炉后捅风口。炉前的温度较低，凝结得较为结实，炉后温度高，熔融态的渣铁混合物较为容易捅开。前后一起捅，常常能够把炉前的冻结块捅开，使结块上部和后部的渣流出来，保持风口通畅（图3-27）。

图 3-27　捅风口

3.2.7 出铁情况

冶炼开始的阶段，没有流出铁水。5月31日上午8:15，在流渣中发现铁块。用大锤敲碎之前排出的渣，在其中又找到了一些铁块（图3–28）。在之后，也多次发现渣中混带的块状铁，铁水能自然流出（图3–29），也有一些流动状态较好的铁(图3–30)。出铁情况如表3–1所示。冶炼过程采样详见附录4。

图 3–28　渣中夹杂的铁块

图 3–29　渣铁混合物流出

图 3-30　冶炼得到的部分生铁

表 3-1　出铁状况

日期	时间	出铁记录	备　注
5 月 31 日	8:15	出铁口流出渣铁混合物，师傅用铁钩将其勾出。渣呈红色流动状，能拔丝，渣中有铁块	这是第一次出铁。虽然是在渣中找到的，但说明铁已经能够流出来了（图 3-28）
	12:33	出铁口捅出流动性较好的渣，并流出块状铁，夹在渣中，呈粉红色	
	13:43	渣铁混合物流出	
	15:26	在出渣口出一大块和一小块铁，后续还出几个块状铁	
	16:07	在流出的渣中发现条状的铁	图 3-29
	21:50	铁口掏出小铁块	
	23:20	铁口出少量铁块	
6 月 1 日	0:08	从铁口掏出鸡蛋大一块铁	
	0:40	铁自行流出。有两块铁是随着渣自动流出来的，沾的渣不多，形状挺好	铁能够自行流出
	0:55	从铁口掏出几小块铁	
	8:00	出铁块（约 3.5kg）。从铁口观察发现，渣从铁口上部流出，渣之下有大块状物，用火钩勾出后发现是大块铁	
	8:17	铁口又勾出 4 小块铁	

3.3　冶炼原料及过程中取样

　　为全面了解冶炼的物理化学反应过程以及原料的相关情况，在冶炼前、过程中进行了取样（详见附录 4）。炉顶煤气的取样采用小型抽风机抽取，用充气枕收集（图 3-31）。

图 3-31　收集炉顶尾气

4 炉温及鼓风测量分析

本次试验的重要环节是利用现代测温设备、风压测量设备来记录分析炼铁炉的内外部温度和鼓风的情况，对于研究宋辽时期的炼铁技术提供可信数据。

测温采用热电偶、热成像仪方式。用 B 型、K 型热电偶来测量炼铁炉底部及内部的温度变化，通过热成像仪来观察炼铁炉外部的整体分布，通过一次性快速热电偶测量铁口、渣口流出的铁水和炉渣及其混合物的温度。预埋热电偶，通过补偿导线连接到无纸记录仪进行记录。

测风系统通过压力变送器、膜盒压力表、风速计来测量记录风速、风量、风压。其中前两项需要安装于送风管上，通过补偿导线连接到无纸记录仪进行记录。

冶铁试验测量初始方案如表 4-1 所示。

表 4-1 古代竖炉冶铁模拟试验测量方案

测量项	测量部位	设　备	安装方式	记录方式
温度	炉内和炉外温度	K 型、B 型热电偶，温度仪表，补偿导线，热成像仪 SAT-G90	预埋或手持	自动 / 手动
气压	鼓风压力	8041CRA 型压力变送器、10kPa 膜盒式压力表	安装于送风管	自动 / 手动
气流	鼓风量及风速	热线式风速计	安装于送风管	自动 / 手动
煤气成分	炉顶煤气	采用小型抽气机收集高炉煤气	炉顶安装管道	手动

4.1 设备选型

4.1.1 热电偶

根据冶铁试验条件和需求，选用铠装热电偶及普通型热电偶（图 4-1）。根据炼铁炉的炉温和风压的数值模拟，知道冶炼时高温区出现在炉底和靠

图 4-1 一次性快速热电偶（纸封装）、K 型（刚玉封装）
B 型（不锈钢封装）热电偶

近炉门和风口的位置，因此选定双铂铑 B 型热电偶来测量这些部位的温度，其他位置用 K 型热电偶。同一个位置点安装两个热电偶，一个露头，一个预埋入炉衬里，相距约 10cm。根据分度号选择热电偶型号。此外，还使用一次性 S 型快速热电偶测量排出的渣、铁温度。

本次试验用热电偶选型与订购情况如表 4-2 和表 4-3 所示。

表 4-2　热电偶选型

型号	内径 /mm	外径 /mm	封套	数量 / 支
K 型	0.5	16	不锈钢	32
B 型双铂铑	0.5	16	刚玉	5
一次性 S 型	1.0	40	牛皮纸	40

表 4-3　各类热电偶订购长度及数量

型　号	长度 /mm	数量 / 支
K 型	700	8
	800	15
	900	7
	90° 夹角，两边各长 800	2
B 型双铂铑	900	3
	90° 夹角，两边各长 1200，200	1
	90° 夹角，两边各长 1200，800	1
一次性 S 型	1000	40

4.1.2　测风设备

采用 8041CRA 小巧型压力变送器测定鼓风静压（图 4-2）。量程：0~6kPa，最大工作压力：10kPa，输出信号：4~20mA，电源电压：24V DC。

风量测量选用泰仕 TES 热线式风速计 TES-1341（图 4-3）。

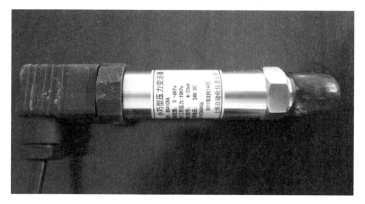

图 4-2　8041CRA 小巧型压力变送器

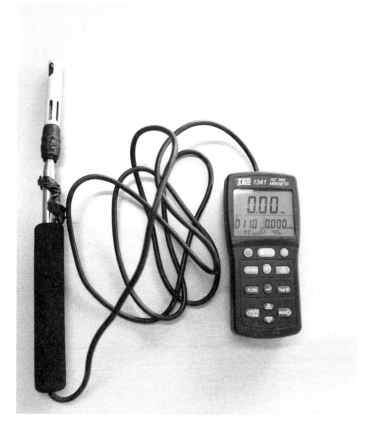

图 4-3　泰仕 TES 热线式风速计 TES-1341

4.1.3　无纸记录仪

选定型号为 XSR70A 无纸巡检记录仪(图 4-4,图 4-5)。共有 38 路,1 ~ 2

图 4-4　XSR70A 无纸巡检记录仪

图 4-5　现场安装调试无纸记录仪

路压力变送器接口；3~7 路为 B 型热电偶，设定最大温度为 1845℃；8 ~ 40
路为 K 型热电偶，设定最大温度为 1429℃。本次试验过程中无纸记录仪测
得数据详见附录 5。

4.1.4　热成像仪

采用 SAT-G90 热成像仪，用来测定整体温度分布及炉外温度（图 4-6）。
热成像仪所采集数据详见附录 6。

图 4-6　热成像仪

4.2　设备安装

　　试验前,将各类传感器按照计划安装、调试(图4-7,图4-8)。其中热电偶安装情况如下:B 型双铂铑的 5 根,炉底 1 根,炉门左右侧各 1 根,风口右侧 1 根,风口下 1 根,其余 31 根为 K 型热电偶(炉顶因需安装煤气取样管道而少一根露头热电偶)。预埋热电偶共分 5 层,共计 36 根。热电偶测试点分布如图 4-9 所示。

图 4-7　调试鼓风检测设备

图 4-8　调试无纸记录仪

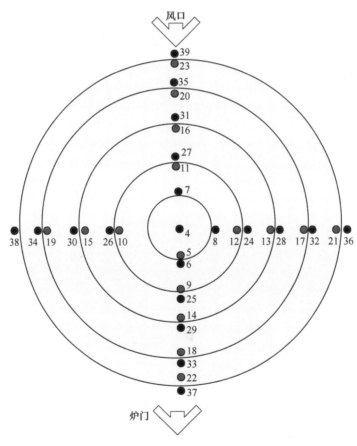

图 4-9　热电偶测试点分布示意图
（红色表示热电偶露出炉壁，黑色表示埋入炉壁内）

4.3　误差分析

K 型、B 型热电偶及压力变送器存在系统误差，补偿导线接无纸记录仪的一端也不是真正意义上的冷端，另外还有无纸记录仪本身的误差，测出的风压和温度在一个误差允许的范围内变化都认为是正常的。基于上述原因，设定风压和温度的单位数据都是整数，数据在后期处理时也较为方便。

4.3.1　温度误差分析

温度误差由三部分因素决定的：热电偶误差、补偿导线误差、测量仪表的误差。

热电偶误差分析：B 型热电偶量程为 200~1600℃，短时工作温度为 1830℃；误差为 ±0.25%× 电偶实测温度。K 型热电偶测温度处于 375℃ 以下时，相对误差为 ±1.5℃，375℃ 以上时，相对误差为 ±0.4%× 电偶实测温度。

补偿导线误差分析：试验选择为普通级，允差为 ±2.5℃。当热电偶所测温度变化时，显示的温度设定 100 ~ 1500℃ 为可信的，则补偿导线误差范围为 2.5% ~ 0.17%。

无纸记录仪误差分析：热电偶输入的通道，仪表测量出输入的 mV 值，经冷端补偿后，再按对应热电偶 mV 值与温度的分度表转换成温度值，与量程下限、量程上限无关。

一次性快速热电偶：一次性快速热电偶是为了测定流动的铁水和炉渣，根据铁水及炉渣的大概温度，选定型号为 R/S，可测温度范围为 0 ~ 1760℃，热电偶本身精度可达 ±0.25%。

4.3.2　鼓风系统误差分析

根据压力变送器对应的 0.2、0.5 精度等级，通过补偿导线连接到无纸记录仪上，无纸记录仪的精度为 0.2%，则测定的实际风压准确度应为（100%–0.2%）×（100%–0.2%）= 99.6%，即风压数据误差为 ±0.4%。

4.4　测温数据及鼓风数据分析

本次试验收集数据情况如下：无纸记录仪上面的风压及预埋热电偶温度

数据总计 4698 组；一次性快速热电偶数据 9 条；热成像仪内嵌 16 位测温数据的图像资料 957 个；风速计记录风速、风量、温度、湿度四个元素为一组数据，数据总计 562 组。

4.4.1 炼铁炉内部温度分析

热电偶记录的时间为 2013 年 5 月 30 日 19:53 至 2013 年 6 月 3 日 6:17，其中有 31 日、1 日、2 日完整的三天时间，按照 5min 取样密度，各层温度曲线如下。

第一层温度曲线（图 4-10）：结果显示，靠近炉门和风口的 5 号和 7 号热电偶升温较快，处于炉底的 4 号热电偶由于前期的预热，相比位于炉门右侧或风口左侧的 8 号热电偶温度较高，4 号热电偶在 5 月 31 日 1:30 左右温度出现突变，工艺记录本上面操作正常，突变原因还需查证；另外 3 号、6 号 B 型热电偶在预埋过程中损毁。总体来看，第一层热电偶温度能够平稳上升和下降。

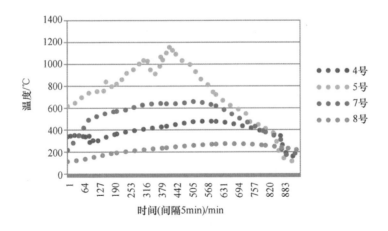

图 4-10　第一层温度曲线

第二层温度曲线（图 4-11）：结果显示，9 号热电偶升温速度较快，温度峰值发生在 5 月 31 日 1:15 分左右，与之对应的是 1:02 加 1.5kg 毛铁，5.25kg 矿，17.5kg 青石，2.25kg 木炭，1:23 又加同一份量的毛铁、矿、青石、木炭，另外一个峰值出现在 5 月 31 日 6:35 分左右，同样之前加同一份量的毛铁、矿、青石、木炭。11 号、25 号热电偶传感器已经损毁，未有获得数据。

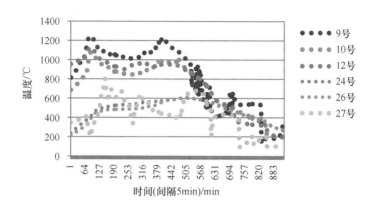

图 4-11　第二层温度曲线

第三层温度曲线（图 4-12）：结果显示，13 号、14 号、15 号、28 号、29 号、30 号热电偶出现峰值的时间在 5 月 31 日 3:00 左右，此时对应的操作为捅铁口，上 1.5kg 毛铁、5.25kg 矿石、17.5kg 青石、2.25kg 木炭。16 号、31 号热电偶传感器已经损毁，未有获得数据。

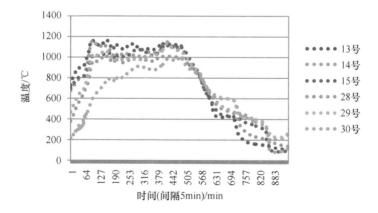

图 4-12　第三层温度曲线

第四层温度曲线（图4-13）：结果显示，20号热电偶在5月31日在5:39左右出现温度峰值，与之伴随的操作是5:12分调鼓风，5:35加木炭35kg、矿石5kg、青石0.5kg；18号和33号热电偶在5月31日在11:34分左右出现温度峰值，与之伴随的操作是11:15分将大块木炭放入炉中，加木炭35kg，再加先前炼出的渣25kg，11:24开始鼓风。由此可见，20号热电偶在鼓风口附近，18号和33号热电偶位于铁口和渣口附近，加料和鼓风操作对这两个部位影响较大。

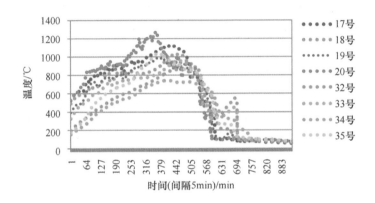

图4-13　第四层温度曲线

第五层温度曲线（图4-14）：结果显示，第五层热电偶温度表现比较平缓，22号热电偶出现两处异常，偏离主要曲线，应为偶然事件。在5月31日9:15左右，出现温度陡然下降现象，此时对应的操作是8:53渣没有自动流出，用铁钎拨拉出来，红色黏稠状渣，流动性较差，在炉前工用铁钎拨拉的同时，在炉后从风口用铁钎捅，一次性热电偶测渣温691℃，渣淘尽后，再用泥塞堵住。9:51堵住铁口后，在炉门处浇水。

综上所述，温度的峰值出现在5月31日凌晨至上午。鼓风口和铁口相比炼铁炉其他部位，温度较高。

根据后期的解剖，可以看出在炼铁过程中形成空洞，选取炉门附近及风口附近出现最高温度的热电偶9号和31号比较其温度变化如图4-15所示。

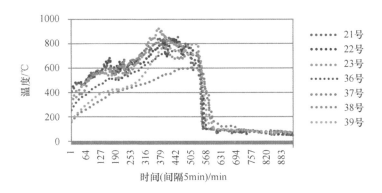

图 4-14　第五层温度曲线

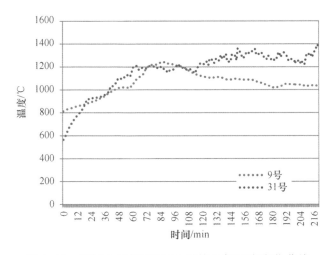

图 4-15　炉门 9 号与风口 31 号热电偶温度变化曲线

5 月 31 日 9:26 左右，9 号和 31 号热电偶在温度变化趋势出现分歧。这个原因应是炉料塌陷形成空洞，造成靠近风口的 31 号热电偶继续升温，而靠近炉门的 9 号热电偶温度下降。

后期解剖过程中，发现炉料坐底现象。通过分析炉底 4 号及第一层露出炉壁的 9 号、10 号、12 号（11 号损毁无数据）热电偶，也可了解到。温度曲线如图 4-16 所示。

5 月 31 日 6:13，位于炉底的 4 号热电偶出现了一个突变，9 号、10 号、

12号热电偶显示温度开始出现达到峰值，然后呈降低趋势，推测已经开始炉料坐底。通过炉前处理，后来炉温得到恢复，至6月1日9:53，4号热电偶温度一直上升，而其他热电偶显示温度再次出现峰值，然后呈降低趋势，估计炉底已形成死料柱，炉况条件堪忧。原来设想位于炉底的4号热电偶温度应该会非常高，但是实际的情况是炉底的温度一直没有很高，这是由于实验开始前几天一直是连绵的大雨，导致砌炉完成后炉底被雨水浸泡，这成为了影响炉况的一个重要因素。

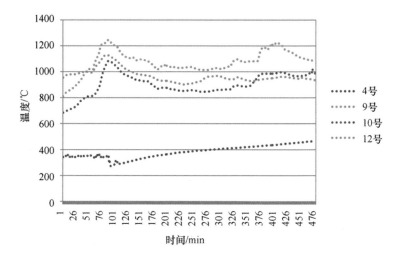

图4-16 炉缸、炉底温度曲线

4.4.2 试验炉外壁温度分析

根据现场情况，选定4个热成像仪拍摄位置，如图4-17所示。

热成像仪生成SAT格式文件，文件内嵌16位测温数据，图像分辨率为320×240，大小约为180KB。本次试验拍摄间隔为1小时。每个SAT文件转换成WORD文档保存格式为2种，一种为原始图像，显示温度范围较宽；另一种图像温度显示范围经过软件自动调节，

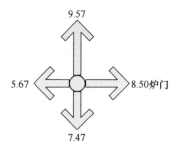

图4-17 热成像仪定点
拍摄位置示意图
（单位为m）

显示范围较窄，但是温度区分度更高。

图 4-18、图 4-19 为获得的试验炉温度数据（2013 年 5 月 31 日 2:04:22）。

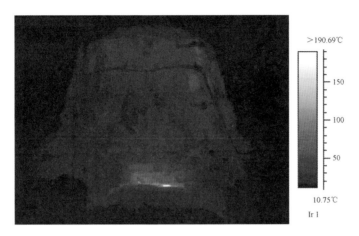

图 4-18　热成像仪原始温度数据

图 4-19 热成像仪数据（经过 SatReportStandard 软件分析图）

以上两幅图为同一时刻的内嵌 16 位温度数据的分析图，后者通过软件分析清晰度有所提升，较为全面地反应了温度分布。

热成像仪主要用来看试验炉外壁总体的温度趋势。由于炉内复杂的环境，不能通过调节参数来观察内腔的温度变化趋势，通过外壁炉温分布可以大体直观地判断炉内温度的分布和变化。

4.4.3 出铁出渣测温分析

一次性快速热电偶用来测定流动的铁、渣及其混合物的温度，传感器通过补偿导线连接到温度仪表上，实时读取温度数值。本次试验共测量 8 个数据，结果如表 4-4 所示。

表 4-4 一次性快速热电偶测得流出熔体温度

时　间	温度 / ℃	炉况及操作
5 月 31 日 2:08	716	捅铁口，出渣
5 月 31 日 3:25	1260	捅铁口，很难开，用大锤敲铁柱 15min 才开。出渣，流动性不太好
5 月 31 日 4:47	900	炉渣温，伴随所出铁块温度已降至 135℃
5 月 31 日 5:41	1185	捅渣口，渣沿出渣槽流动，流动性较好
5 月 31 日 6:20	760	捅渣口，渣流动性较好，流出 1m 长
5 月 31 日 8:20	720	捅铁口，出渣
5 月 31 日 8:53	691	捅渣口，拿锤子打铁钎凿开渣口。渣没有自动流出，用铁钎扒拉来的渣呈红色黏稠状，流动性较差。同时，在炉后从风口用铁钎捅
6 月 1 日 0:03	990	渣口敞开，渣自动流出，渣温 990℃

4.4.4 风速风量分析

风速计可以实时检测和记录风速、风量、风温和湿度 4 种数据。由于采用电池供电，需要定时更换，造成部分数据缺失，记录不连续。下面将数据分为 5 个时段展示：即 5 月 30 日晚间隔 1min 记录数据 99 组，5 月 31 日白天间隔 5min 记录数据 99 组，6 月 1 日凌晨间隔 5min 记录数据 83 组，6 月 1 日上午间隔 5min 记录数据 72 组，6 月 1 下午间隔 5min 记录数据 42 组。

风速的变化如图 4-20~ 图 4-24 所示。

4.4.5 风压分析

风压的测量有两种方式，一种通过压力变送器连接补偿导线接通到无纸

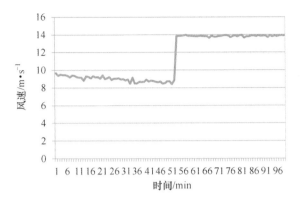

图 4-20 5 月 30 日晚间风速情况

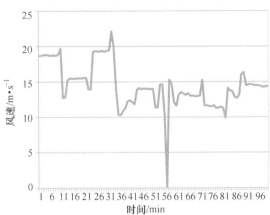

图 4-21 5 月 31 日白天风速变化

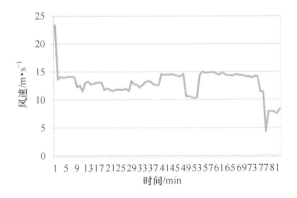

图 4-22 6 月 1 日凌晨风速变化趋势

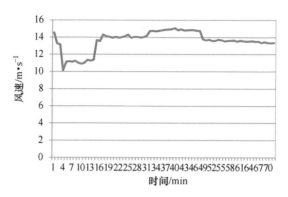

图 4-23　6 月 1 上午风速变化趋势

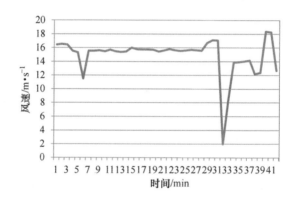

图 4-24　6 月 1 日下午风速变化趋势

记录仪上面，每隔 1min 记录一次风压数值，一种通过直接连接在管道上的膜盒压力表每隔 1 小时进行人工记录。同时也起到两相对照的作用，提高了数据的可信性。

风压的时间序列为：2013 年 5 月 30 日 19:53~2013 年 6 月 1 日 16:42 停炉停风，这个时间序列与炼铁炉内部温度停炉前的分析一致。

风压随时间变化曲线如图 4-25 所示。

为了便于比较分析，把风压和风速做在同一个坐标系里，如图 4-26~ 图 4-29 所示。

5 月 30 日 21:43，增加风压至约 1600Pa，与之相伴随的是风速的变化，曲线保持平稳，可以判定，此时炉况的运行比较稳定。

6月1日凌晨，当风速维持在一个高速运转情况下，风压曾达到峰值
2521Pa，随后迅速降低了，此时的风速与风关系并不是同步，反映出炉况已
经出现问题。

6月1日上午，一直在进行炉前操作调整，风压和风速关系不正常，一
度出现高风压低风速的逆向情况。

6月1日下午以后，采用高风压进行冶炼，风速也随之增高，保持了一
段较平稳的运行，但接着来的一次大幅度的风压和风速剧烈降低，显示炉况
又出了很大的问题，直至最终停风。

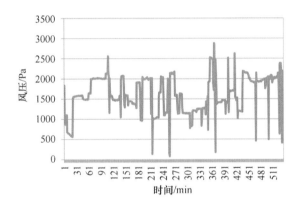

图 4-25　风压随时间变化曲线

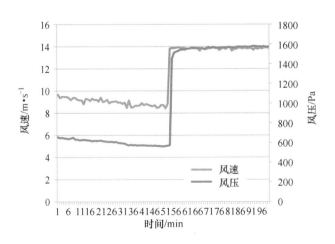

图 4-26　风速风压 5 月 30 日晚间变化趋势

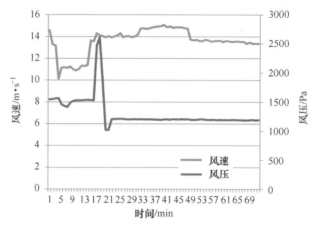

图 4-27　风速风压 6 月 1 日凌晨变化比较

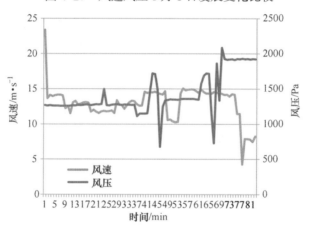

图 4-28　风速风压 6 月 1 日上午变化趋势

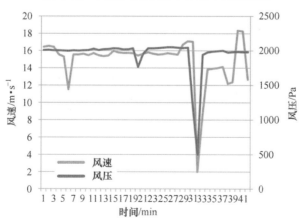

图 4-29　风速风压 6 月 1 日下午变化比较

5 炉体冷却与解剖

为全面了解本次试验炉内的运行状况并获得相关样品，冶炼结束后即对炉体进行冷却，并于 6 月 3 日至 6 日对炉体进行了解剖，采用的是自上而下逐层剥离半剖法。

5.1 炉体冷却

5.1.1 炉体冷却方案

经过前期考察，设定了两种炉体冷却方案：

方案一：用通氮气的方式进行炼铁炉的冷却；氮气的化学性质稳定，且为气体，对炉料分布影响小，但成本较高，效果未知。

方案二：注水冷却，效果明显，比较经济，但对炉内成分分布会有一定影响。

冶铁试验进行到 6 月 1 日 16 时 45 分左右，由于风口冻结而停风。6 月 1 日 19 时整，开始通氮气，压力 1MPa，约 30min，观察效果非常不明显。于是改用注水冷却（图 5-1）。

图 5-1　注水冷却

按照 1h 注水 1 次的方法，从 6 月 1 日 20 时 35 分开始，至 6 月 3 日 12 时 30 分结束。

5.1.2 冷却温度曲线

试验炉冷却过程中，以 5min 间隔测量温度。对热电偶进行了清理，其中 7 号热电偶原为 B 型，安装中不慎损坏，用 K 型代替；B 型热电偶记录数据为 3 组，K 型热电偶在炼铁过程中，11 号、16 号、31 号测量温度出现异常，推测传感器头已经损坏，25 号热电偶拆掉。温度曲线显示 32 组数据。

第一层热电偶冷却温度曲线（图 5-2）:8 号热电偶处于鼓风位置的一侧，并且位于外层，炉内进行的反应，经过炉壁没有对其造成直接的影响。停炉后 5 号热电偶降温较快，4 号、7 号居中；温度突降对应操作为，从拆除热电偶留下的孔洞、以及出渣口直接注水所致。

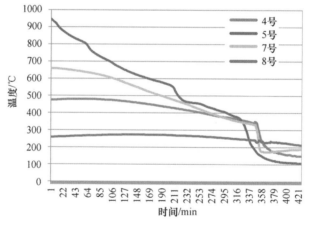

图 5-2　第一层热电偶冷却温度曲线

第二层热电偶冷却温度曲线（图 5-3）：11 号、25 号传感器已经损毁，降温图中没有显示。9 号出现温度的直降后又剧烈震荡，与浇水冷却靠近此口有关。27 号突降之后又有所升温，尽管升温范围有限，可能是木炭复燃或炉内余热升温所致。

第三层热电偶冷却温度曲线（图 5-4）：该层热电偶温度总体平稳下降，31 号在冷却中期出现损毁而发现异常，其他热电偶有别于其他层的出现温度突降情况，冷却过程平缓进行，应与所处位置位于炼铁炉中部有关系。

第四层热电偶冷却温度曲线（图 5-5）：冷却初期，热电偶都遵循温度逐渐下降的趋势，18 号、33 号热电偶位于炉门的上方第四层，出现温度上升然后又突降，是拿水管对相应位置不断浇水冲刷的结果。

第五层热电偶冷却温度曲线（图 5-6）：22 号热电偶在 6 月 2 日 3:30 温度出现突变，因为热电偶位置靠近炉顶，通过 1 个多小时的在炉顶浇水，导致温度突变。在同一日的 15:05 再次出现温度突变。9 号热电偶在 6 月 2 日 21:50 分左右温度出现降低，是因为 22:00 左右在铁口、渣口、炉顶浇水，用水管冲 25 号热电偶拆除留下的空洞。另外一处温度异常出现在 6 月 3 日 4:20 分左右，是因为晚上浇水冷却的频率降低，靠近炉门的 9 号热电偶出现温度些许上升的现象。

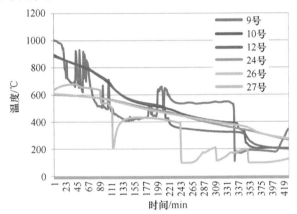

图 5-3　第二层热电偶冷却温度曲线

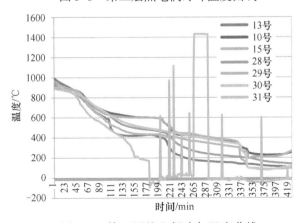

图 5-4　第三层热电偶冷却温度曲线

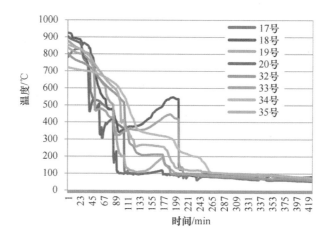

图 5-5　第四层热电偶冷却温度曲线

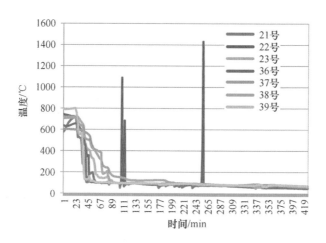

图 5-6　第五层热电偶冷却温度曲线

　　此外，由于 4 号热电偶处于炉底，当停炉后温度出现缓慢上升的趋势；5 号热电偶位于炉门右侧，停炉后温度出现缓慢降低的趋势。6 月 2 日后，热电偶总体出现温度下降趋势，可见冷却的方案是合适的。由于 6 月 3 日停电一个白天，未能完整记录下冷却的整个过程。

5.2　解剖与取样

　　冶炼试验后，炉衬、内壁和外壁各部分破坏程度不一，内部多有烧结、损毁，外部较好。部分位置烧结严重，需要用铁锤、铁凿、钢钎、电钻、手铲等工具进行解剖和取样。

5.2.1 标高与取样方案

解剖之前，先在炉体上方竖立铁支架，在炉心处悬挂铅锤，作为解剖时的零点标高（测量基线、基点），如图5-7所示。经测量，炉口距铁杆（即水平基线）46cm，为标示取样位置，以水平基线为 X 轴（风口方向为正方向），垂直方向为 Y 轴，上、下垂直方向为 Z 轴，故以炉口中心点为例，基点坐标为（0，0，-46）。

以外壁的大块石头厚度为单层层高，据此逐层解剖（图5-8），炉体自上而下总共分为9层（A~I，图5-9），每层均取样。取样可分为普样和特样。普样是指在每层 X、Y 轴与炉壁交界处取炉衬和炉料，在中心点取炉料，有时在 X、Y 轴上分别取内壁、外壁样。特样是指在解剖过程中发现特殊现象时采集的样品。根据以上原则取样，共77件样品（详见附录7）。

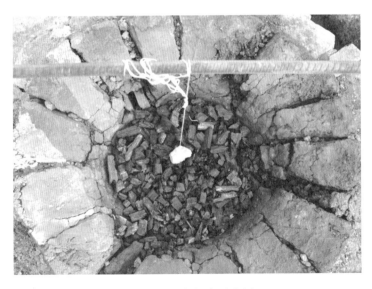

图 5-7　零点标高示意图

图 5-8 解剖炉体及取样

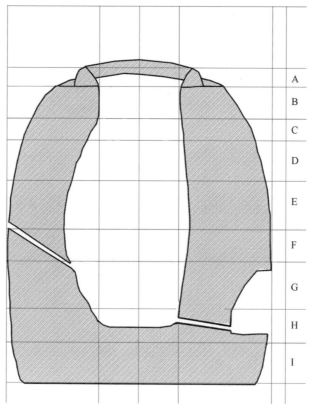

图 5-9 冶铁试验炉解剖分层示意图

5.2.2 解剖、取样过程

6月4日开始，对炉体进行解剖。由于上层炉料比较松散，用3mm厚的有机玻璃做挡板以防炉料下滑。

A层（图5-10）：A层为 –46cm 到 –60cm 之间的炉口外撒草拌泥坯层，该层裂缝较多，在冶炼中会有火焰从裂缝中冒出，渗碳严重。该层无炉料，仅在风口上方处取草拌泥坯样 A1（30，0，–46）。

B层（图5-11）：B层为 –60cm 到 –84cm，该层炉料为未烧完的大块木炭颗粒，少见矿石颗粒和青石颗粒或粉末。在 –80cm 的位置处，料层出现管道（图5-12），空洞沿炉衬直径约 15cm，沿 X 轴直径 9cm，孔道紧贴炉衬。共取 7 件样品。

图 5-10　A 层示意图

图 5-11　B 层示意图

图 5-12　炉料管道开口

C 层（图 5-13）：C 层在 -84cm 到 -100cm 之间，B 层开始出现的空洞，竖直向下发展，C 层炉料仍以大块木炭为主，共取得 12 件样品。

D 层（图 5-14）：D 层在 -100cm 到 -130cm 之间，该区炉料开始出现末状。在 B 层出现的空洞在此层继续延续，同时在（25，28，-130）处出现另一开口（图 5-15）。两开口间夹一块岩石（D12）。共取样 12 件。

E 层（图 5-16）：E 层位于 -130cm 到 -166cm 之间，该层炉料中有较多的渣铁混合物，矿石少见，多见矿、炭粘结物，铁口上部的炉料较其他地区松动。Y 轴正方向炉壁上附着有大块瘤状物。共取样 16 件。

图 5-13　C 层示意图

图 5-14 D层
示意图

图 5-15 第二
个管道开口

图 5-16 E层
示意图

F层（图5-17）:F层从 –166cm 到 –190cm，该层炉料分层，上层较疏松，从 –180cm 开始出现大块炉料。本层从 –167cm 开始炉衬挂渣多似软熔带物质，如图5-18所示。共取样10件。

G层（图5-19）:G层从 –190cm 到 –225cm，该层炉料均为大块木炭、渣、铁熔合物，靠近铁口处有滴落状物质。该层上部的风口回旋区长16cm、宽20cm、深20cm，风口回旋区上方、下方均有一大块石头，疑似为上方炉内壁倒塌下来的石头。共取样10件。

图 5-17　F层示意图

图 5-18　F层出现较多积料

图 5-19　G层示意图

H层（图 5-20）：H层从 –225cm 到 –250cm，该层为炉底部分，多数为死料，死料中可能有铁，仅在铁口附近有滴落状物质。共取样 8 件。

图 5-20　H层示意图

I层（图 5-21）：–250cm 以下均视为I层，即炉底部分，但由于条件限制，该层未解剖，从炉底掏出一块夯土样品I1。

图 5-21　I 层示意图

5.3　解剖总体认识

6 月 6 日上午炉体解剖完毕，解剖整体结果如图 5-22 和图 5-23 所示。

根据 A~I 层的解剖情况，炉料部分按组成和状态可分为 6 个区域（图 5-24）。

图 5-22　解剖后的炉体

图 5-23　炉体解剖整体照

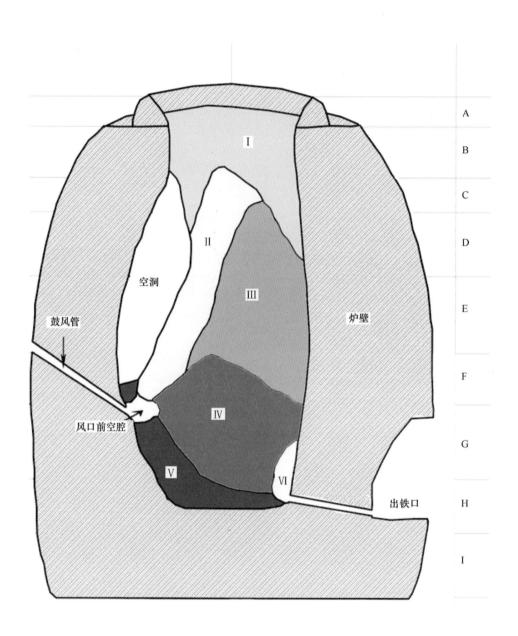

图 5-24　试验竖炉剖面示意图

Ⅰ：炉料以大块木炭为主；

Ⅱ：炉料以木炭＋青石的白色粉末为主；

Ⅲ：炉料以木炭＋细微的红色矿石粉末为主；

Ⅳ：炉料以大块的渣铁混合物＋碎小木炭＋细微红色矿石粉末为主，疑似软熔带物质，大块炉料坚硬；

Ⅴ：死料区，炉料非常坚硬，含有少量小铁块，其中在风口前空腔上下均有一大块岩石坠落；

Ⅵ：铁口内沿的空洞，有较多的疑似滴落带物质。

解剖后比较明显的现象如下：

风口以上侵蚀明显，形成了炉料管道，自 B 层下延续至 F 层，炉衬侵蚀严重，部分地区炉衬全部被侵蚀掉，部分地区炉内壁也被侵蚀，炉内壁的侵蚀厚度约 20cm（图 5-25）。

风口前空腔在 G 层上部，上部有两个出口，内部有较为光滑的渣壳，深度约为 19cm（图 5-26）。空腔上下均有掉落下来的炉内壁岩石，与炉料烧结在一起。

鼓风管内部风口侵蚀严重，仅剩 48cm，约侵蚀掉 20cm（图 5-27）。

出铁口内有空洞，内壁光滑坚硬，有滴落状渣（图 5-28）。

解剖过程中共取得 77 件样品，见附录 7。

图 5-25　自上而下贯穿的管道

炼·铁·记

图 5-26 风口前空腔

图 5-27 鼓风管残留部分

图 5-28 铁口内沿空洞及滴落带物质

6 实验室分析

6.1 分析目的

本次试验的实验室分析主要针对冶炼原料、半成品、成品和废弃物以及炉壁等模拟试验冶炼遗物，获得其显微组织、化学成分、物相、物理性能、受热过程等方面的信息，为分析冶炼状况、冶炼水平提供依据。

6.2 样品及实验项目

本次实验室分析的对象包括冶炼原料、砌炉原料、砌炉制品、解剖样品和冶炼产物等，取样方法和过程前文均有表述。所有样品在搬运回北京科技大学冶金与材料史研究所后，进行整理、观察、编号、清理和拍照工作。在此过程中，选择具有代表性的样品开展了进一步的取样、制样和分析工作，制备的样品包含了所有的冶炼和砌炉原料种类、不同部位的砌炉制品、不同制备过程的砌炉制品、不同部位（自炉口到炉底、自炉壁到外壁）的解剖样品和不同时间段的冶炼产物（炉渣和铁块）。样品目录及对应的分析项目见表 6-1。

表 6-1 样品及实验项目

类别	样品编号	名　称	化学分析	物相分析	性能检测	热分析	金相 + SEM-EDS
冶炼原料	EAYL3-1	铁矿石	√				
	EAYL3-2	铁矿石	√				
	EAYL4	焙烧后铁矿石	√				
	EAYL5	青石	√				

续表 6-1

类别	样品编号	名 称	化学分析	物相分析	性能检测	热分析	金相＋SEM-EDS
冶炼原料	EAYL6	老青石	√				
砌炉原料	EAQL1	石灰	√	√			
	EAQL3	红黏土	√	√			
	EAQL5	粗石英砂	√	√			
	EAQL6	细石英砂	√	√			
	EAQL9	砂岩砂	√	√			
	EAQL10	黄河砂	√	√			
	EAQL12	白甘土	√	√			
	EAQL13	砌炉石料	√				
砌炉制品	EAQP1	炉基夯土	√				
	EAQP4	炉膛底部耐火泥	√				
	EAQP7	接缝材料	√				
	EAQP8	炉壁耐火材料1	√				
	EAQP10	炉壁耐火材料2	√	√		√	
	EAQP11	炉壁耐火材料3	√				
	EAQP12	烘烤后炉壁	√			√	
	EAQP18	鼓风管	√				
	EAQP20	渣口铁口耐火泥	√				
	EAQP21	口塞	√				
解剖样品	EAJPC11	解剖后炉壁	√			√	
	EAJPD8	解剖后炉壁	√		√	√	
	EAJPG5-1	解剖后炉壁	√			√	
	EAJPG5-2	解剖后炉壁	√			√	

类别	样品编号	名 称	化学分析	物相分析	性能检测	热分析	金相 + SEM–EDS
解剖样品	EAJPG5–3	解剖后炉壁	√			√	
	EAJPI1	解剖后炉壁	√			√	
	EAJPH11	解剖后炉壁			√		
冶炼产物	EASI3	炉渣					√
	EASI18	炉渣					√
	EASI28	铁块					√
	EASI33	炉渣					√
	EASI43	铁块					√
	EASI47	炉渣					√

冶炼原料、砌炉原料、砌炉制品、解剖样品的部分样品经粉碎研磨至 200 目后，分别进行化学成分、物相和热分析。

化学成分检测在北京科技大学化学分析中心采用湿化学定量分析方法进行。

物相分析采用 XRD 分析技术，使用北京大学微构分析测试中心测试的 Dmax 12kW 粉末衍射仪测试，测试条件如下：X 射线为 CuKα（0.15418nm），管电压为 40kV，管电流为 100mA，扫描方式为 θ/2θ 扫描，扫描速度为 8°（2θ）/min，采数步宽为 0.02°（2θ），依据 JY/T 009—1996 转靶多晶体 X 射线衍射方法通则和 PDF2 粉末衍射数据库进行分析。

热分析在清华大学和中国建筑材料研究院进行。在清华大学新型陶瓷和精细工艺国家重点实验室对部分样品进行了差热分析 DTA 测试，加热区间为 0~1400℃，升温速率为 10℃ /min。同时，在中国建筑材料测试中心对部分整块、大块样品的显气孔率、真密度和吸水率进行了分析。

金相分析在北京科技大学进行。炉渣和铁块样品用酚醛树脂镶样，经打磨、抛光后，使用北京科技大学冶金与材料史研究所的 Leica DM4000M 型金相显微镜观察样品显微组织并拍照，铁器观察前需用 4% 硝酸 – 乙醇混合液对其进行侵蚀。

扫描电镜 – 能谱分析在美国理海大学进行。使用美国理海大学材料科学与工程系 Hitachi S–4300 型扫描电镜对炉渣进行显微观察和 EDAX 化学成分分析,首先采用面扫的方法获得炉渣整体或基体的化学成分,再对其中的金属颗粒和特殊相进行点扫,激发电压为 15kV,扫描时间 75s。

6.3　实验结果及讨论

6.3.1　冶炼原料

本次冶铁试验的冶炼原料有铁矿石和青石等。实验室分析目的主要为确定原料的种类、与模拟对象中使用的矿石接近程度,从而为解释冶炼技术和产物提供依据。

冶炼前对原料进行了整粒,矿石经焙烧、砸矿、筛选后保证了颗粒大小均在 3cm 以下;青石和老青石颗粒只经过砸矿的过程,大小在 5cm 以下;原料的准备过程也基本还原了古人的工艺。

分析结果(表 6–2,表 6–3)显示,原铁矿石主要为针铁矿,品位高,脉石以石英为主。焙烧后铁矿石含硫量显著减小;针铁矿因加热失水转化成赤铁矿,为生铁冶炼提供了冶炼性能更好的矿石,降低了生铁中的含硫量。

表 6-2　冶炼原料的化学成分分析结果

（%）

编号	EAYL3–1	EAYL3–2	EAYL4	EAYL5	EAYL6
名称	铁矿石	铁矿石	焙烧后铁矿石	青石	老青石
Na_2O	≤ 0.05	≤ 0.05	≤ 0.05	≤ 0.05	≤ 0.05
MgO	0.082	0.038	0.13	0.46	0.4
Al_2O_3	5.98	0.95	4.74	0.51	0.48
SiO_2	6.87	3.63	12.3	1.57	1.75
K_2O	1.09	0.09	0.88	0.29	0.23
CaO	0.24	0.38	0.24	42.8	55.5
Fe_2O_3	40.28	44.18	41	0.15	0.11

续表6-2

编号	EAYL3-1	EAYL3-2	EAYL4	EAYL5	EAYL6
TFe	53.7	58.9	54.6	—	—
V	≤ 0.01	≤ 0.01	≤ 0.01	—	—
Ti	0.9	≤ 0.01	0.089	—	—
Mn	≤ 0.01	0.12	0.043	—	—
S	0.12	0.16	0.087	—	—
P	0.051	0.025	0.053	—	—
FeO	0.27	0.34	0.85	—	—

表6-3 冶炼原料的物相分析结果

（%）

原始编号	名称	白云石	石英	方解石	针铁矿	赤铁矿
EAYL3-1	铁矿石	—	–	—	70	30
EAYL3-2	铁矿石	—	–	—	65	35
EAYL4	焙烧后铁矿石	—	19	—	10	71
EAYL5	青石	1	—	99	—	—
EAYL6	老青石	—	—	100	—	—

青石和老青石本质上为方解石，老青石的氧化钙含量高于青石，冶炼过程中改用老青石有助于增强助熔效果。

6.3.2 砌炉原料、制品及解剖后炉壁

砌炉原料主要包括黏土、石英砂、白甘土、石灰等。黏土、石英砂主要用于制作耐火泥炉衬、接缝材料；石灰仅用于建筑炉基隔水层；白甘土用于制作鼓风管和最后一道耐火泥。

本次试验对砌炉原料、砌炉制品及解剖后炉壁分别取样，进行实验室分析，以弄清原料种类、烘烤条件等。冶炼前后的变化，同时通过炉壁与冶炼原料、炉渣的比较来了解冶炼过程中各组分参与反应的情况（表6-4~表6-6）。

表 6-4　炉壁及其制作原料的化学成分分析结果

（%）

类别	编号	名称	Na$_2$O	MgO	Al$_2$O$_3$	SiO$_2$	K$_2$O	CaO	Fe$_2$O$_3$	C
砌炉原料	EAQL1	石灰	≤ 0.05	1.68	0.73	2.9	0.16	72	0.13	—
	EAQL3	红黏土	0.48	2.01	10.8	56.3	2.39	0.71	6.57	—
	EAQL5	粗石英砂	4.66	0.45	15.2	62.3	2.72	1.04	0.97	—
	EAQL6	细石英砂	≤ 0.05	0.18	1.55	81	0.028	0.76	0.083	—
	EAQL9	砂岩砂	0.62	0.31	15.8	59.2	2.3	0.81	2.33	—
	EAQL10	黄河砂	1.57	0.98	7.77	58.1	2.8	5.87	2.84	—
	EAQL12	白甘土	1.25	0.31	32.1	39.7	2.6	0.62	4.46	—
砌炉制品	EAQP1	炉基夯土	0.35	0.81	4.42	78	0.76	0.91	2.24	—
	EAQP4	炉膛底部耐火泥	1.19	1.98	16.5	51.4	4.45	1.14	6.03	—
	EAQP7	接缝材料	0.7	1.19	6.73	68	1.4	1.03	3.46	—
	EAQP8	炉壁耐火材料1	1.61	1.7	13.2	57.5	2.73	1.06	5.33	—
	EAQP10	炉壁耐火材料2	0.4	0.94	6.23	67.5	1.01	1.14	2.44	—
	EAQP11	炉壁耐火材料3	0.76	0.29	22.5	19.8	1.43	1.17	2.69	29.2
	EAQP12	烘烤后炉壁	2.56	0.87	11.9	62.4	1.55	0.72	3.23	0.23
	EAQP18	鼓风管	1.14	1.55	17.7	45.2	2.42	1.35	5.3	0.9
	EAQP20	渣口铁口耐火泥	1.56	1.78	15.4	56.3	2.86	0.99	5.49	—
	EAQP21	口塞	1.32	0.26	23.6	23.1	1.94	3.86	2.08	9.55
解剖后炉壁	EAJPC11	炉壁	2.16	1.48	15	62.2	1.92	1.24	4.22	—
	EAJPD8	炉壁	0.93	0.91	12.2	61.6	0.99	1.43	2.98	—
	EAJPG5-1	炉壁	1.75	1.65	17.1	62.3	2.61	1.07	5.01	—

续表 6-4

类别	编号	名称	Na$_2$O	MgO	Al$_2$O$_3$	SiO$_2$	K$_2$O	CaO	Fe$_2$O$_3$	C
解剖后炉壁	EAJPG5-2	炉壁	2.61	2.02	16.5	58.6	2.92	2.22	5.2	—
	EAJPG5-3	炉壁	2.65	1.74	16.8	58.5	2.83	2.37	5.13	—
	EAJPI1	炉壁	2.49	1.95	16.8	56.7	3.77	1.46	5.55	—

表 6-5　砌炉材料的物相分析结果

（%）

原始编号	EAQL1	EAQL3	EAQL5	EAQL6	EAQL9	EAQL10	EAQL12	EAQP10
名称	石灰	红黏土	粗石英砂	细石英砂	砂岩砂	黄河砂	白甘土	炉壁耐火材料2
高岭石	—	—	—	—	—	—	44	—
白云石	—	—	—	1	—	—	—	2
石英	—	68	17	99	85	50	14	90
绿泥石	—	4	1	—	–	2	4	2
云母	—	2	13	—	3	2	18	1
斜长石	—	9	70	—	—	25	19	5
氢氧钙石	92	—	—	—	—	—	—	—
方解石	8	—	—	—	—	—	—	—
微斜长石	—	17	—	—	—	21	—	—
硬石膏	—	—	—	—	2	—	—	—
累托石	—	—	—	—	10	—	—	—

表 6-6　解剖后炉壁样品的物理性能检测结果

样品编号	显气孔率 / %	真密度 / g·cm^{-3}	吸水率 / %
EAJPD8	38.7	2.694	24.1
EAJPH11	24.3	2.616	12.6

从黏土、石英砂的成分来看，Al_2O_3 的成分普遍偏低。目前发现古代炉壁中 Al_2O_3 成分普遍不高于 20%，说明炉壁中未加入白甘土（高铝高岭土）是与古代条件相适应的。

各类石英砂的成分差别较大，细石英砂为工业成品，石英含量高、纯度高；粗石英砂实际上以长石为主，并非石英矿物类原料；砂岩砂为纯度高的石英砂岩磨碎而成，故石英含量高；黄河砂含有较高比重的石英，同时长石含量也较高。相对而言，细石英砂和砂岩砂石英含量高；粗石英砂石英含量太低；而黄河砂石英含量居中，为较好的选择。但是黄河砂的 Al_2O_3 含量较低，砌炉工匠曾提出在最后一道耐火泥中添加白甘土即为此。

此外，通过比较砌炉制品和解剖后炉壁的成分，认为在冶炼过程中，各道炉衬紧密结合，成分上逐渐均匀、一致。

这些选用的砌炉材料基本上与宋辽时期冶铁遗址出土炉壁中的各种矿物组成和结构相吻合，也基本实现了此类炉壁形态的还原。砌炉原料在使用前经粉碎、筛选，颗粒大小控制在 5mm 以下，砌炉原料的准备、砌炉制品的制作过程等均较忠实地体现了古代工艺。

对烘烤前后的炉衬分别进行差热分析，对其 DTA 曲线进行比较，结果如图 6-1 所示。

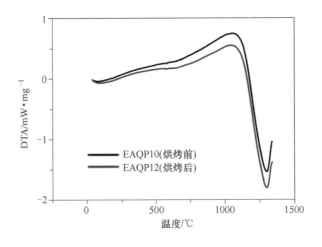

图 6-1　内层炉衬经烘烤前和烘烤后 DTA 曲线

可以看出烘烤温度较低时（可能在600℃附近），没有影响到炉衬结构的变化；在1300℃时出现了烧熔，是为炉衬的熔化温度，也是炉衬能够保持稳定结构的最大温度，具有较高的耐火性能；同时，结果表明烘烤炉衬后可以使炉衬的吸热量降低或者使导热性能变差，有利于保持炉内的温度，表明了冶炼前烘烤炉对于冶炼具有重要意义。

通过对解剖后炉壁样品DTA曲线的比较（图6-2），认为炉壁样品的熔化温度均在1300℃左右，表现出一致性；炉底炉衬（EAJPI1）和内层炉衬（EAJPG5-3）在700℃附近出现细微的变化，或是炉衬的烘烤温度；对比EAJPG5从内层到外层（从炉膛到岩石）的样品，发现从内到外吸热量变化不大，在1300℃前基本保持平衡；对比炉内自上而下的样品，除了EAJPD8吸热量比其他样品均小以外，差异不大，因此尚不能明确显示炉衬内外层以及上下不同部位受热状况和耐火性能是否存在差异。

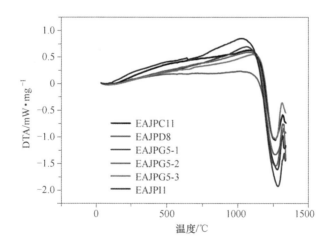

图6-2 解剖炉壁的DTA曲线

6.3.3 炉渣和铁块

本次试验的炉渣样品可分为两种类型：早期的排出渣流动性差，疏松多孔，颜色以青灰色为主，以EASI3为代表；在冶炼3小时后，排出渣流动性变好，基本为黑色的玻璃态渣，按照时间顺序，分别取 EASI18、EASI33 和 EASI47 进行分析（表 6-7，表 6-8）。

　　通过分析显微组织（图 6-3 ~ 图 6-6），早期的炉渣基体为烧熔炉壁的玻璃相，但常有不易烧熔的石英颗粒以及其他炉壁的物相，此时形成的金属颗粒形态上多呈不规则的圆滴状、夹杂物较多；时间往后的炉渣逐渐呈现有规律的晶态组织，如可能出现低熔点的钙镁（铝）尖晶石等，而基体则已经完全为玻璃相，金属颗粒呈细小的圆滴状沿晶体间缝隙排列在基体上；再往后的炉渣均为纯净的玻璃相，金属颗粒呈非常细小的圆滴状广泛分布。

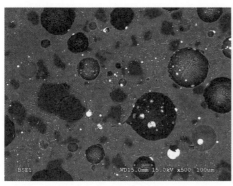
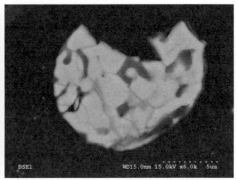

图 6-3　EASI3，早期的炉渣，疏松多孔，成分接近于炉壁，炉渣中暗相为石英颗粒

图 6-4　EASI3，FeS 颗粒，暗相中硅含量较高

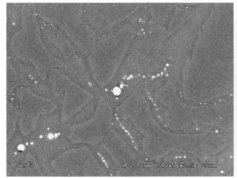

图 6-5　EASI18，过渡类型的玻璃态渣，条状浅灰相可能为低熔点下形成的钙镁（铝）尖晶石，圆滴状颗粒为 FeS

图 6-6　EASI47，为流动性好的玻璃态渣，为铁 – 硅 – 钙系炉渣，EASI33 与其相同

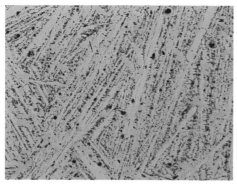

图 6-7 EASI28，17.5×，白口铁组织

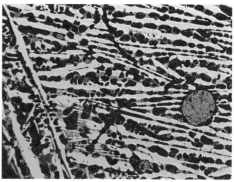

图 6-8 EASI43，17.5×，白口铁组织

表 6-7 炉渣化学成分

（%）

样品	EASI3			EASI18			EASI33	EASI47
扫描部位	炉渣基体面扫	炉渣深灰相面扫	炉渣斑点状浅灰相面扫	炉渣整体面扫平均	炉渣条状浅灰相点扫	炉渣深灰相基体点扫	炉渣整体面扫平均	炉渣整体面扫平均
Na$_2$O	1.26	0.7	0.31	0.83	2.21	0.67	0.91	0.61
MgO	0.9	1.65	15.44	3.2	4.61	1.55	2.24	1.79
Al$_2$O$_3$	24.48	16.25	9.44	14.57	11.79	17.79	12.82	11.77
SiO$_2$	56.58	65.55	54.81	40.36	40.37	43.18	41.8	41.3
SO$_3$	0.25	0.24	0.3	0.89	0.07	0.39	0.82	0.96
K$_2$O	3.52	6.77	2.68	1.5	0.39	2.96	1.88	2.07
CaO	9.9	2.89	1.33	26.99	34.42	20.28	23.37	23.48
TiO$_2$	0.46	0.72	0.93	0.52	0.06	0.98	0.5	0.54
MnO$_2$	0.23	—	0.62	0.23	0.18	0.29	0.11	0.27
FeO	2.42	5.23	14.13	10.91	5.9	11.91	15.55	17.2

表6-8　炉渣中金属颗粒化学成分

（%）

样品	EASI3			EASI18
扫描部位	金属颗粒面扫	金属颗粒中暗相点扫	金属颗粒中亮相点扫	金属颗粒点扫
Na	—	0.13	—	0.39
Mg	0.43	0.47	0.08	0.64
Al	1.34	4.31	0.26	8.94
Si	3.7	16	0.25	16.57
P	—	—	—	0.04
S	31.54	22.25	37.21	16.88
K	0.74	0.21	0.19	2.05
Ca	0.26	1.23	0.14	9.16
Ti	2.24	0.08	0.07	0.65
Mn	0.17	0.89	0.14	0.31
Fe	59.57	54.42	61.67	44.35

　　化学成分上，早期的炉渣硅、铝含量高于晚期顺行的炉渣，而钙、铁含量则远低于晚期的炉渣，认为早期矿石和助熔剂尚未完全参与反应，炉渣成分主要来源于炉壁侵蚀；而越往后，炉渣内铁含量增高，钙含量居高不下，炉渣主要来源于矿石和助熔剂，也少量来源于炉壁侵蚀。

　　此次炉渣样品中观察到的金属颗粒多为FeS颗粒，形态上呈圆滴状，如图6-4所示。这与焙烧后的矿石样品中S并未除尽相一致。

　　本次冶炼中不断有铁水流出，从这些铁水冷却后形成的金属块中取出样品。经金相组织观察认为其显微组织多数为白口铁组织（图6-7，图6-8），说明此次冶炼的金属产物主要为生铁。

　　分析冶炼原料、砌炉原料、砌炉制品、解剖炉壁和炉渣样品之间的关系，如图6-9所示。各类原料在成分上存在巨大差异，早期的炉渣的成分接近炉壁，顺行后的炉渣实际上做到了炉体材料和矿石、助熔剂等冶炼原料之间的平衡，从各方均获得来源。

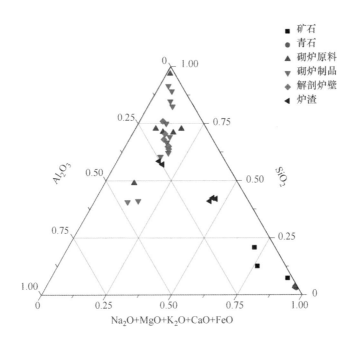

图 6-9　冶炼原料、砌炉原料、砌炉制品、解剖炉壁和炉渣样品的成分

6.4　分析认识

通过以上科学分析，认为此次冶铁试验在各类原料选择上较好地以考古出土实物为依据，也根据当地的资源状况因地适宜地进行了选择。砌炉过程中，对原料的选用、加工和炉壁的制作上存在循序渐进的认识过程，但一直朝着最好的方向进行着；冶炼前，对冶炼原料进行的焙烧、整粒等工艺，为冶炼顺利进行提供了必要条件；冶炼过程中，对工艺的操作基于经验基础上，以炉内顺行为原则、物料平衡为方向不断适时地进行调查，最终顺利排出炉渣和铁水，炉渣的形态、成分上都接近于理想状态，同时冶炼出了生铁块，进而表明这种工艺的可实现性。

结合冶铁试验过程与实验室分析来看，存在以下一些问题：

炉壁制作中，原料种类过多、选料凭经验使得一定程度上可能没有完全反映出古代的选料过程。炉壁选料和制作随意，包括砌筑方法、过程的随意可能是导致冶铁炉不够结实、存在隐患的重要原因，同时解剖后发现有大块炉壁甚至内层岩石被冲刷掉，更显示了炉壁的砌筑过程、接缝材料性能等方面均存在问题，与古代冶铁炉比较有较大差距。虽然选用了不同的原料制作炉衬，但炉衬的耐热性能上差异不明显，古人是否选择不同的原料来制作不同部位的炉衬仍然需要考证。

试验所用原矿两份样品中含硫 0.12%、0.16%，焙烧后的矿石中含硫约 0.085%，在炉渣中存在少量 FeS 颗粒。而在古代冶铁炉渣中很少发现，是否反映出本次试验在原料的选择、矿石焙烧除硫工艺方面仍然存在不足。

部分生铁以块状形式伴随炉渣排出，并非全部以液态形式流出，反映出炉缸温度不够稳定；此外，炉渣中出现低温熔点晶体、炉壁成分较多，表明在冶炼初期炉内温度不高，炉壁过多地参与反应。

总之，通过这一模拟试验过程，更加实际地认识了传统竖炉冶铁的工艺内容、更加直观地认识了古代冶铁活动的艰难与智慧。

7 试验总结

本次试验所用炉型、材料、炉料及鼓风等项目均依据考古资料确定，全面反映了宋辽时期竖炉冶铁的技术面貌，对宋辽时期竖炉冶铁技术有了深入认识，基本实现了本次试验的预期目标。试验得到了大量数据和认识，为冶铁史领域今后的研究奠定了基础。本次试验的发现和认识总结如下。

7.1 炉型的影响

炉型设计与建造严格以考古发现为依据，缺失部分参考其他遗址进行复原。试验采用的炉型属于单风口收口型竖炉。风口位于炉腹位置，倾斜向下鼓风。试验的目的之一是要验证以下系列问题：单风口鼓风造成炉内温度、反应偏移的程度，在冶炼工艺上该做何种应对，最终效果如何。从正常运行时的炉况来看，本次试验所用炉型可以生产生铁，试验过程和结果都较好地模拟了宋辽时期竖炉冶铁技术。通过本次试验，有以下发现或认识。

鼓风道一定要沿着炉径方向，指向出铁口，保证炉体左右供风对称，并加强炉门风力，预防炉门冻结，也便于捅风口、疏通炉缸等操作。炉后平台上鼓风，抬高了进风口入口，所以风道需要倾斜向下，而不能呈水平状。

从炉内热电偶温度曲线（图 4-10 ~ 图 4-14）可见，风口一侧温度上升显著快于其他位置；红外热成像仪拍摄图像显示，风口及铁口附近外壁温度也显著高于两侧。炉体解剖发现风口一侧侵蚀严重，左右侵蚀线分布也呈倾斜状态（图 7-1）。北京延庆水泉沟辽代冶铁遗址 3 号炉炉衬烧蚀也与之情况相似。这些都反映出单风口鼓风会造成一定程度的炉内冶炼向风口一侧偏移。

试验中，风口上方炉壁严重烧蚀，并有石块下坠，影响了炉内供风。这表明砌筑方法和工艺没能完全满足冶炼需求。在水泉沟 3 号炉中，风口一侧上方的炉壁砌缝非常细密、整齐；在河南南召下村宋代遗址和焦作麦秸河宋代炉遗址，风口上方采用巨大的条状石块砌筑，未见小块石料，这也是提高该处耐火强度、预防石块坠落的工艺手段之一。

图 7-1　炉壁侵蚀线走向

冶炼过程中，打开渣口或铁口后，一尺多长的火苗有力窜出，反映炉缸的透气性较好，整体很活跃，也为炉门一侧加温，尽量减轻炉内偏移。就此来看，通过筑炉、冶炼工艺等方面的预防和调节，单风口鼓风造成的偏移及其不利影响可以控制在一定范围内。

7.2　风口前空腔内型

解剖试验炉发现，炉内鼓风道入口处形成一个空腔，深度约 0.19m，大致成梨形，内部有较为光滑的渣壳，上部有两个出口，内部有细小木炭和炉渣颗粒（图 7-2）。风口前空腔的大小和形状会直接影响炉体下部的煤气一次分布，进而影响炉内热量和反应的分布。风口回旋区也是现代钢铁冶金学研究的重点内容之一。

空腔的大小受鼓风动能、风口前燃料层压力、燃料消耗速度等影响。现代大高炉的经验认为，风口前风速高于 100m/s 时才会形成回旋现象，低于此值会像煤炭在算子上燃烧一样。小高炉的风口前速度较低，回旋现象不明显。对于古代竖炉，风速常在 100m/s 以下；炉料采用非烧结矿，木炭的尺寸更大，更加细长，不便于翻滚，难以形成回旋区，但空腔是会形成的，只是有大小的区别。

图 7-2　风口回旋区

古代小型竖炉大多会进行强化冶炼，风速不低；大型竖炉风速更大，鼓风动能和风口前木炭消耗速度都不低。从炉型角度看，风口位于炉腰位置，可在一定程度上减轻风口前木炭压力。在本次冶炼试验中，如果风口前不通畅，风口风压会急剧上升，风量下降，铁口火苗软弱，影响炉内供风，属于不正常情况。可以通过铁棒捅风口，使气流通畅，风压降低，改善炉内供风。根据考古调查资料，古代竖炉遗址风道大多没有弯曲，这也是为了方便捅风口、观察炉内火力而设计。

风口前空腔的发现，增进了我们对古代冶铁竖炉炉料分布情况的认识，为今后的冶铁竖炉内部流场数值模拟提供了重要的资料依据。

7.3　炉料选择与加工

竖炉冶铁的炉料包括木炭、矿石和青石。选料和加工是事关冶炼成败的重要环节。

　　传统冶炼对木炭有非常严格的要求，尤其是在硬度和燃烧值方面。在试验的设计阶段就特别注意到燃料的问题。目前市场上所供应的木炭主要用来烧烤，不符合传统冶炼的要求，而专门烧制木炭不仅费用高，而且需要用栎木等硬木烧制，难以大量获取。最后选择让从事过木炭炼铁的师傅选择合适的替代木材为原料，让木炭厂专门烧制。但实际烧制过程中，木炭厂使用了旧房子拆下来的废木头，这些木料主要是树龄较短的松木、柏木，长期使用后，变得松软，燃烧值不够。对炉内透气性和炉温提升造成一定影响。

　　木炭体积不均匀，大小悬殊。开炉使用一段时间后，发现炉内同一层的温度不均匀，可能是木炭颗粒差别较大，造成燃烧程度不同，所以对木炭进行手选，除掉大块的和碎末，以较为均匀的木炭入炉。实际上，颗粒度不同造成堆积密度增加，影响了木炭层的透气性，对炉料和气体上升有了阻碍作用。

　　矿石粒度直接影响还原速度和炉内透气性。矿石颗粒越小越容易还原，但也会影响透气性，所以其实际要求与炉容、矿料空隙度等有关。河南古荥汉代冶铁遗址发现的铁矿石粒度为3~5cm；阳城犁镜对矿石的粒度要求是5~15mm。本次试验，对焙烧之后的矿石过孔隙15mm的筛子，小于此粒度的矿石直接入炉。在冶炼过程中发现入炉的矿石中有较多碎末，会影响炉内的透气性，从而改用1cm左右粒径的矿石。

　　本次试验的炉料控制为研究古代冶铁炉料加工提供了重要参考，增进了我们对炉料粒度与炉型、鼓风强度关系的认识，为下一步开展数值模拟提供了资料依据。

7.4　料批与料线设置

　　上料之前，项目组几位师傅就整个冶炼过程中添加木炭、矿石、青石等的批次批量及比例等进行了反复商议。

　　传统工艺的犁炉是以35kg木炭为基准配矿石、青石的，这个炉子的体积与犁炉相似，所以也以35kg木炭为基准。开炉后一段时间内冶炼负荷的控制非常重要。在一般的冶炼炉中都是由少到多，逐步增加，犁炉也是从5kg开始加起。在开炉的时候，有师傅认为炉子已经提前加热过几天了，内部温度较高，可以多加矿石，在现代炉上干过的师傅也认为本次试验的矿石都易于冶炼，多加矿石可以尽快出铁。就这样，矿石的配比加大了，加到了3.5~5kg（开炉6~7h内）。

冶炼中发现，试验所用竖炉总高度较低，炉料行程较短，炉料较快地下行到炉底，在炉上部的间接还原不够充分，更多的是在炉下部进行直接还原，这样就需要更多的热量，在开炉初期供热不足的情况下，很容易导致炉底冻结。

本次试验获得的炉料配比参数及其制定方式，对于估算古代竖炉冶铁产量，通过木炭负荷衡量冶炼技术效率等，具有重要参考意义。

7.5　鼓风参数设置

本次试验采用的鼓风设备性能基本满足了冶炼需求，风压和风量的波动范围都在预设的古代鼓风性能参数之内，较好地模拟了古代冶铁试验鼓风工艺，为继续深入研究古代竖炉冶铁技术奠定了基础。

本次试验测量记录了静压、风量、风速、风温及湿度等鼓风参数，其中风温和湿度基本正常、恒定，对冶炼结果不构成影响；主要影响因素是风压和风量（包括风速）。从这两类数据可以对炉内供风、气流走向、透气性等进行分析。

总的来看，本次试验鼓风的设计和实施遵循了试验的基本原则，风压、风量都维持在古代鼓风性能范围之内。从炉口火苗、炉顶火焰的尺度和力度可以看出鼓风也较好地满足了冶炼需求。

冶炼过程中风压、风量有几次较大的突变，这是由炉内状况变化造成的，如孔道形成与阻断、调整加料及人工干预调风共同引起的，这种骤变预示着炉料料层的结构发生了重大变化。这可能会造成炉内热震动，对冶炼来说是不利的，应该尽量避免。

本次试验获取了大量风量、风压数据，对于研究冶铁鼓风需求、鼓风成本以及炉内流场数值模拟提供了重要依据。

7.6　冶炼故障及排除

在冶炼过程中出现过一些操作失误或故障，对冶炼造成一定的影响。这些故障和失误最后都成功排除了。

较为突出的操作失误是往炉内随意加渣回炉，即炉前操作人员把流出的炉渣再从炉顶加入炉中。渣的熔点较低，有利于增加炉内渣的流动性，使炉顺行，还可以防止炉壁结瘤。如在 5 月 31 日 11:15 和 12:26 两次都加入了 25kg 渣。但是在实际操作中，部分操作人员随手就把刚凝结的炉渣加入炉顶，这种做法在现代小高炉上可能并不是问题，但是试验的炉子太小，加入的渣量太多会影响炉内的正常反应。因为试验冶炼流出的渣大都含有大量的 FeO，它的还原需要大量吸热，在炉温较低，特别是炉底温度较低的情况下不仅不会起到预期的效果还可能加剧炉底冻结。如在 5 月 31 日 12 点之后，每次上料本来计划加 5kg 渣，而实际操作中，上料的人员没有实测，凭感觉加。在 16 点抽查的时候才发现加的量达到 9kg 之多，这还不算炉前操作人员随手用铁锹加入炉内的渣。

此外，上料人员在加料时，也存在一定问题。他们控制不好木炭颗粒大小，致使颗粒差别较大。再加上有的木炭本身木材较软，容易粉碎。最终降低了炉内透气性，诱发炉门前供风不足，以及出现炉料管道等。

人工操作失误的原因主要在于操作人员的业务能力有限。传统技法冶炼生铁已经停止很久，每个岗位所有班次都找到合适人选是不可能的。短期内也无法完成岗位培训。操作人员引起的外部变动自然对炉内冶炼产生影响。对本次试验而言，这种状况是难以避免的。这也让我们认识到，竖炉冶铁对操作人员有着较高的要求。每个岗位、班次都至少需要有一位经验丰富的人来领班。

冶炼中炉内较为明显的故障是出现炉料管道。鼓风约 12 小时之后发现炉料管道问题（图 7-3），主要表现为在炉的后部（靠近风口）形成了一个局部高温区，炉料从炉口不断下陷，形成了漏斗状，周边的炉料沿着漏斗往下滚。这样造成炉后部温度高，炉料下降快，还原出的铁较多，部分应该成为液态铁，但是没有出口，与周围温度较低的渣铁混合物接触后成为块状铁。其他区域，特别是炉前部（靠近炉门）供风不足，造成温度下降，反应不完全，没有生成液态铁，渣铁不分而凝结在一起，不仅影响以后的反应，而且堵住了后部形成的液态铁流出。形成炉料管道的原因是多方面的。解剖后，发现炉壁石块下落一度堵塞风口，这是主要原因。此外，冶炼中风压不足，风力很难到达炉前部，很容易在炉后部形成高温燃烧区，而炉前部的燃烧不充分，炉内温度不均匀；木炭的硬度不够，太过疏松，影响料柱透气性等，也助长了管道的形成。

图 7-3 炉料管道造成炉料下降不均匀

发现管道问题之后，采取一系列补救措施。首先，尝试把大块的木炭放入空洞内，用来堵住空洞，以缓解漏斗现象。暂时起了作用，炉顶的炉料不像以前那样集中于空洞之中。但过了一会儿之后，原来空洞部位在炉顶冒出一米长的火焰，里面燃烧更加剧烈，温度更高了。为了防止空洞扩大，停止往空洞内放大块木炭。其次，曾经试图把一个铸铁管从风口插入，直达炉中心，这样的话可以把风直接鼓到那里。插入时很难到达中心，有硬物阻挡，拔出铁管后发现铁管前端已经熔化，遂放弃这一想法。最后，采用降低风压、风速，以期降低空洞的温度，缓解炉内温度不均匀的问题，从而形成较为正常的炉内各带。但是由于空洞问题形成已久，炉内温差大，几次降温都没有彻底解决问题。但是降温在一定程度上解决炉内温度不均匀现问题，炉料从漏斗中下降减缓，改善了炉内的还原气氛，有助于木炭形成料柱。在降风的同时，加强了炉料的整粒，特别是木炭。禁止矿石碎面入炉，尽量选择 3cm大小的矿石粒。对木炭进行手选，除去大块的，筛去面，往炉内加较为均匀的块。较为均匀的木炭块有助于料柱的透气性，以使鼓入炉内的风能到达炉前部，而且可以使炉内温度均匀。在以上两项主要措施的实行下，炉况有所好转，顺利出了一些铁。

7.7 策划、组织与协调

模拟古代炼铁试验不仅是一次学术研究的尝试，也是一次项目组织的尝试。整个项目的组织实施经过长时间的计划和努力，由于之前没有这方面的经验，很多事情都需要从头摸索。在试验的准备阶段，从开始的选址、购买原料、矿石、找木炭、找熟悉传统工艺的匠人到与地方各部分的协商都耗费了很大的精力和时间。这些事并不是研究人员所擅长的，而且在组织方面也难免有各种问题和纰漏。

最后在与阳城县科技咨询服务中心的接触过程中逐渐探索出了一条较为可行的合作模式。由研究机构设计方案，由咨询服务中心依照方案组织实施，研究机构的研究人员及聘请的专家对咨询服务中心的工作进行监督和指导，咨询服务中心雇佣当地懂得传统冶炼的老工匠及熟悉小高炉的行家具体操作，两方面的专家及时沟通解决实施过程中出现的问题。

研究机构对试验的方案、目的及其中的具体要求，在此基础上与聘请的专家进行充分的沟通与协商，考虑其可行性和科学性，再拿出进一步的工作计划。研究单位、专家与咨询服务中心的炼铁专业技术人员就计划中的内容进行逐项研讨，考虑执行的难度和解决的方法，在不影响试验方案主体思想的前提下对其进行一定的修改。两方协商通过之后，由咨询服务中心具体组织实施。

咨询服务中心在选址、雇人和原材料准备方面做了许多工作。首先，选择在阳城县蟒河镇范上沟村进行试验，因为该村有冶炼传统，也有熟悉冶炼的老工匠，而且这里的各级领导机构较为支持这一研究项目。其次，由于当地有悠久的木炭炼铁传统，这种技术一直延续到了 20 世纪 80 年代，所以当地有较多熟悉传统冶炼的老工匠。经过多方了解和考虑，咨询服务中心请了在当地几位技术较为全面的老匠人。但是，由于对冶炼原理的不了解，老工匠只懂得如何在他们熟悉的炉型上操作，不知道怎样应对试验炉型将会出现的新问题。为了解决这个问题，咨询服务中心又聘请了熟悉小高炉冶炼的专家，他们懂一定的冶炼原理，也有解决实际问题的经验。两方面的专家共同协商制定较为可行的操作制度。最后，咨询服务中心在当地找到了符合试验要求的矿石和木炭。古代冶炼大都采用富集于地表的易于还原的赤铁矿，而阳城县是山西省赤铁矿的主要产地，赤铁矿具有品位高、易还原的优点。木炭是原料中最难解决的，因为炼铁要用硬木来烧木炭，比如阳城的江木，但是这种木头都在保护区内，根本不可能砍伐。咨询服务中心通过多方打听，最终与一家木炭厂达成协议，让厂家为这次试验专门烧制木炭。厂家尽量选择木质较硬的木材做原材料，在烧制的过程中注意不要烧透，因为烧透了的木炭强度不够，在竖炉中不能承受必要的压力。当地传统冶炼对木炭的要求是"三茬七炭"，即三分木材，七分木炭，这样可以在保留足够的强度前提下满足冶炼的其他要求。

参与这次试验的研究者对竖炉木炭炼铁的亲身体验是这次试验的一大收获。研究者本身大多没有参与过冶炼实践，对古代冶炼的了解也只是停留在纸面上，对一些具体工艺缺乏感性认识。在试验期间，项目组还召开了古代竖炉冶铁现场会，邀请了国内有关专家莅临指导（图7-4），对一些技术问题进一步达成了共识。通过这次试验，大家对整个冶炼过程有了较为全面的认识和体会，深入理解了古代冶炼的各个工艺过程，加深对文献记载冶炼技术的认识，甚至掌握了部分操作技巧。通过对技术的理解和感受，加深了对古代工匠聪明智慧的钦佩。

在生产过程中，特别是对整个生产场面的感受是在读书中无法体会得到的。大的生产场面，紧张的节奏，密切的配合，让参加者真正理解了冶铁不同于普通手工业的组织化程度，以及这种生产对当时社会产生的影响。

总的来看，此次冶铁试验在设计、建炉、冶炼、检测以及解剖等环节都基本按照预先计划执行，在各个环节都取得了丰富的认识，积累了大量数据资料，为下一步的工艺研究和数据分析奠定了坚实的基础。

图7-4　古代竖炉冶铁现场会专家们与项目组成员合影

附　　录

附录 1　开炉祭祀仪式

我国古代竖炉冶铁开炉前通常要举行祭祀仪式。古代冶炼行业尊崇太上老君，开炉祭祀老君是我国古代生产民俗文化的一个重要传承。在阳城，这种文化现象历史久远，延续至今，象征着对先人和古代文明的尊重。冶炼是一项非常复杂的生产，其中包含好多深奥、费解的原理，在传统工匠看来有很多因素是未知和不可控的，在无法解释这些问题的情况下，就只能把希望寄托在行业保护神的身上。太上老君是中国民间传统信仰中最为神奇和法力最高的神之一，他在众神中也拥有非常高的地位。而且他在道教与黄老学说中都是创始人，这更增添了他作为行业始祖和保护神的地位。在古代，行神崇拜在提高行业地位、增加行业凝聚力和行业自信心方面都有重要的作用。

为了照顾传统工匠的行业信仰，展示古代开炉的完整过程，在点火之前举行了祭祀老君仪式。

仪式开始前先把两张长条桌子摆放到炉前，前面一张桌子上盖红布。巫师用红布双手托起老君神像，走到炉前。巫师先背对炉，双手托着老君像，神像面对自己在胸前上下左右转一圈，然后把老君像转过来背对自己，托着放在靠近炉子的桌子正中。放完之后双手合十退开。

放完神像之后摆放盛贡品的盘子。巫师双手拿着盘子到桌子前，先对着老君神像一上一下拜三次，再把盘子摆放到桌子上。摆好盘子后，往盘子里面放贡品。每种贡品在摆放之前先要在神像之前先上下拜几次，然后才能往盘子里面放。先放馒头，老君神像左右各两个盘子和前面一个盘子里各放三个馒头，另外一个放五个馒头的盘子摆在靠近桌子的地上。接着放苹果，用一个大红盘盛若干个放在桌子上，再用一个小盘放四个跟刚才一样放在地上。香蕉一把放在供桌上。一瓶酒放在地上，靠近先前摆好的盘子。

图 1　巫师摆放老君神像

图 2　摆放好的贡品

　　这些贡品摆完之后，巫师拿两份黄表纸，一份放在桌子上，一份放地上。再放一瓶酒在供桌上。这时要放的是一盘猪肉。以前大祭老君都是要用整猪，而且是要黑色的公猪。

　　今天的贡肉是几斤猪肉，已经煮的半熟了，放在红色的盘子里，肉上面直着插两根筷子。猪肉放在老君像前面的桌子上，与苹果左右对称。中间放香炉，内插一根蜡烛，同样的一个香炉放在地上。

图 3　要上供的猪肉

摆好这些后，巫师把蜡烛点燃，再点一把香插在桌上和地上的两个香炉里。同时，另一名巫师拿出了经书、法铃、木鱼等，再添一张供桌在先前的两张桌子前，上面摆放其法器。

一切安排好后，巫师索要几百元的"贡献"，把这些钱用红布包好放在香炉前面。随后开始请神仪式。

请神仪式

两个巫师对着神像在已经铺好的塑料布上行三跪九拜大礼。之后负责技术的几位师傅行三跪九拜礼。

巫师开始念经，念的是《太上请神送神宝卷》。炉前操作的工匠师傅们集体行礼，同时在路旁放长串红鞭炮。行礼之后，两位巫师还继续念经，其中一位巫师一手摇铃，一手用竹签翻着经书，另一个巫师在一旁敲鼓。经念到一半的时候，诵经的巫师换了手中的响器，用铜钹换下了铜铃。

图4　巫师和两位师傅一起行礼

施法仪式

请神所念的经念完后，一个巫师离开，主持祭祀的巫师拿出了《太上龙虎救苦真经卷》，通过吟诵这部经书来请老君施法保护冶炼顺利、平安。巫师换了姿势，改用左手翻书，右手持铃铛。

过了一会，另一个巫师端着两个碗回来了。他放下碗之后，把一袋醋倒入其中的一个碗中，在另一个碗中倒入之前准备好的豆子。

念完经后，巫师招呼让把塑料布再次铺在供桌前。一个巫师带领负责技术的主要师傅再次行礼。礼毕，他们在地上烧纸，另一个巫师准备要贴的符。巫师用红布条把布质的符挂到炉正前方。

图5　巫师挂符

安神仪式

挂好符之后，主持仪式的巫师再次开始念经。这次念的是《太上灵宝大法司》，目的是感谢神灵的光顾和保佑。另一个巫师左手上面放着十字交叉的黄表纸，纸上放着盛豆子的碗。拿碗的巫师口中念念有词，托着碗在炉前转，随时把用右手抓一把豆子撒在地上。撒了几次就走到炉前，向炉行礼之后放下手中的碗和纸，拿起早已准备好的烧红的铁犁和另一个盛醋的碗在炉的前后左右转了一圈。他一边转一边念。最后他走到炉前把铁犁放在地上，把碗中的醋突然浇在犁上，这时冒起了白气，他把碗也扔在地上。

主持仪式的巫师还在念经，另一个巫师开始在地上烧黄表纸。烧完后拿起桌上的酒瓶，来到炉门前，把瓶中的酒洒在炉门前，每洒完一次都要把酒瓶双手举起到头。共洒了三次。炉门前洒完酒之后，巫师拿着酒瓶绕炉转，边转边洒酒。这时，主持祭祀的巫师念完了经，吹了一下他的海螺。带头师傅赶紧过去再次行礼。两个巫师都在整理东西，收拾自己带来的器具。这时，旁边开始放鞭炮。

仪式基本结束，巫师收贡品。除肉之外，所有的贡品巫师都要拿走一部分，肉要犒劳现场的师傅们。剩下的苹果切成小块分给周围的人吃，这样就

图 6　往烧红的铁犁上浇醋

可以保佑人人平安。供桌上的礼金归巫师,老君神像放到了炉跟前的神龛上。之后就开始安装鼓风机,加木炭了。

在由巫师主持的祭祀仪式结束后,点着了炉子,这时,由炉前操作人员自己进行了另一项祭炉内容。一位师傅把早已准备好的公鸡用斧头剁了头,让鸡血流出来。他绕着炉走了一圈,把鸡血洒了一圈,特别是在炉顶洒了较多的鸡血。因为民间有鸡血辟邪的说法,传统的冶铁匠人更是相信这一点,所以在开炉前必须要用鸡血驱走邪气,以保证冶炼的顺利。

图7 巫师所念三本经书

附录2　建炉材料取样表

种　类	样品号	名　称
砌炉原料	EAQL1	炉基用石灰
	EAQL2	红黏土原料
	EAQL3	细红黏土用料
	EAQL4	粗红黏土用料
	EAQL5	粗石英砂原料
	EAQL6	细石英砂原料
	EAQL7	粗砂岩
	EAQL8	粗砂岩剥落块原料
	EAQL9	粗砂岩颗粒状原料
	EAQL10	粗黄河砂原料
	EAQL11	白甘土原料
	EAQL12	白甘土用料
	EAQL13	砌炉石料
	EAQL14	炉基用木炭粉
	EAQL15	炉衬用木炭末
	EAQL16	炉壁用麦秆
	EAQL17	水　样
砌炉成品	EAQP1	炉基夯土（干）
	EAQP2	炉基夯土（湿）
	EAQP3	炉底铺夯土上材料
	EAQP4	炉底耐火材料
	EAQP5	炉膛内、外壁间填土
	EAQP6	炉膛底部内壁接缝材料（失败）
	EAQP7	炉膛底部内壁接缝材料（成功）
	EAQP8	炉壁耐火材料1

续表

种 类	样品号	名 称
砌炉成品	EAQP9	炉壁耐火材料 2（未成型）
	EAQP10	炉壁耐火材料 2（成型）
	EAQP11	炉壁耐火材料 3
	EAQP12	烘烤后炉壁
	EAQP13	炉内壁接缝材料（干）
	EAQP14	炉内壁接缝材料（湿）
	EAQP15	内、外壁间填土
	EAQP16	炉外壁草拌泥
	EAQP17	炉口外撒草拌泥坯
	EAQP18	鼓风管
	EAQP19	渣口、铁口耐火泥（干）
	EAQP20	渣口、铁口耐火泥（湿）
	EAQP21	口 塞

附录3 造渣出铁表

日期	时间	操作内容	结　果
5月30日	15:59	用铁钩勾出炉底木炭灰，疏通铁口	木炭灰中发现炉壁渣
	18:40	再次捅铁口，掏灰	
	20:40	捅渣口和铁口，扒炉灰	
	21:20	捅铁口、渣口	捅出少量渣，取渣样
	21:50	捅铁口	
	21:55	堵渣口	
	22:10	捅铁口	
	22:50	捅铁口	
	22:55	堵铁口	
	23:25	捅铁口	出木炭和少量渣
	23:40	堵渣口，捅铁口，出渣后堵铁口	从铁口扒出部分红木炭和少量渣（取样）
5月31日	0:05	开铁口	出少量渣，流动性稍好
	0:45	捅铁口	出流动性较好的渣
	0:48	堵铁口	
	1:15	捅铁口	捅开后渣自动流出
	1:20	堵铁口	
	1:45	捅渣口，有点硬，用大锤打开	渣自动流出，这是第一次渣口出渣
	1:52	堵渣口	
	2:08	捅铁口	出渣，测刚出来的温度为1716℃。渣的流动性没上次好，是因为刚开了渣口，没多少渣
	2:14	堵铁口	
	2:45	捅渣口	出渣，流动性较好
	3:00	堵渣口	
	3:25	捅铁口，很难开，用大锤敲铁柱15min才开	出渣，流动性不太好。渣温为1260℃

日期	时间	操作内容	结　果
	3:43	堵铁口	
	4:42	打开铁口	
	5:00	堵铁口	
	5:41	捅铁口	渣流动性很好，能够沿着预先挖好的道流渣温 1185℃
	5:45	捅风口	
	5:51	捅铁口，往炉门处泼水灭火	
	6:20	捅渣口	渣流动性较好，流了 1m 长，760℃
	6:24	捅渣口	
	7:20	捅铁口	
	8:15	铁口流出渣铁混合物，师傅用铁钩将其勾出	渣呈红色流动状，能拔丝，渣中有铁块
5月31日	8:53	捅渣口，拿锤子打铁钎凿开渣口。同时，在炉后从风口用铁钎捅。渣掏完后，堵上渣口	渣没有自动流出，用铁钎扒拉出来的渣呈红色黏稠状，流动性较差
	9:38	师傅用铁钎，铁锤凿开铁口	流出流动性好，能拔丝的渣
	9:51	堵住铁口后在炉门处浇水	
	10:33	开始捅渣口	
	10:36	捅渣口	出块状渣和木炭。渣口未堵
	10:46	再次从渣口掏渣	渣的流动性不如前几次好
	10:49	同时继续从出渣口往里捅	出渣，流动性不太好
	11:00	堵渣口，再次往渣口浇水	
	11:39	开始捅、凿铁口	出流动性较好的渣
	11:53	持续的捅和凿，并捅风口	扒出少部分流动性一般的渣，铁口一直未堵
	12:00		流出流动性较好的渣
	12:33		一直未堵上的铁口捅出流动性较好的渣，并流出块状铁，夹在渣中，呈粉红色

续表

日　期	时间	操作内容	结　果
5月31日	13:05	堵铁口，往炉门泼水	
	13:43	捅铁口	渣铁混合物流出，流动性较好
	14:57	捅铁口	只出少量团状渣，流动性一般
	15:16	捅渣口，铁口仍然开着	
	15:21	渣口捅开	涌出少量团状渣，流动性不太好，同时从铁口和渣口出渣
	15:26		在出渣口出一大块和一小块铁，后续还出几个块状铁
	15:36		渣口、铁口仍未堵，不时流出流动性一般的渣
	15:50		铁口、渣口各流出流动性较好的渣一大块
	16:05		渣、铁口一直未堵，从铁口流出流动性较好的一块渣，渣口也出流动性较好的渣一小块
	16:07	堵上渣口，堵上铁口	在流出的渣中发现条状的铁
	16:50	捅铁口，捅风口	铁口流出黏稠状的渣
	17:20	捅铁口	流出黏稠渣
	17:25	继续捅铁口，出渣困难，铁口难开	
	17:40	捅渣口	出少量黏稠渣
	18:00		铁口继续出少量渣和木炭
	18:05	堵渣口	铁口少量渣流出
	20:00	继续捅铁口	有渣流出
	20:50	堵渣口	
	21:00		铁口流渣，成条状（取样）
	21:30	捅风口	出流动性一般的渣
	21:50		铁口掏出小铁块
	22:30	铁口火焰减小，开铁口	
	23:20		铁口出少量铁块

续表

日期	时间	操作内容	结　果
6月1日	0:03		自动流渣，渣温99℃，铁口火焰超过0.5m长
	0:08		从铁口掏出鸡蛋大一块铁
	0:40		陆续又出了几块铁，有两块是随着渣自动流出来的，沾的渣不多，形状挺好
	0:55		从铁口掏出几小块铁
	2:40	捅铁口	
	2:57	堵铁口	
	4:04	捅铁口	
	4:10	堵铁口	
	5:17	捅铁口	
	5:30	捅铁口	
	8:00	捅铁口	出铁（3.5kg），流出流动性较好的渣。从铁口观察发现，渣从铁口上部流出，渣之下有大块状物，用火钩勾出后发现是大块铁
	8:17		铁口又勾出4小块铁
	8:20	堵铁口	
	8:40	捅铁口	渣水自动流出，流动性较好
	9:30	捅铁口	渣自动流出
	9:40	堵铁口	
	10:12	凿渣口	渣口流出流动性较好的渣，黏度不大。从渣口观察，渣是从渣口上部留下来的
	10:20	堵渣口	
	11:00	捅铁口	出流动性很好的渣
	11:07	堵铁口	
	11:50	凿开渣口	流出流动性非常好的渣
	11:57	堵渣口	
	13:00	捅铁口，捅风口	出少量渣，黏性渣

续表

日期	时间	操作内容	结　果
6月1日	13:06	堵铁口	
	13:35	捅渣口	出部分渣
	13:47	堵渣口	
	14:17	捅铁口	出渣，流动性较好
	14:33	捅铁口	
	14:38	捅渣口	没有出渣
	14:40	堵渣口	
	14:50	将铁口内的渣去除干净	
	14:56	堵铁口	
	15:30	捅铁口	流出流动性一般的渣
	15:56	风口、铁口一块捅	
	16:00	堵铁口	
	16:20	捅风口，很困难，堵渣口、铁口	

附录 4 冶炼过程采样表

种 类	样品号	名 称	取样时间
冶炼原料	EAYL1	木炭	
	EAYL2	木炭原料（木头）	
	EAYL3	矿石	
	EAYL4	焙烧后矿石	
	EAYL5	青石	
	EAYL6	老青石	
	EAYL7	毛铁	
	EAYL8	炉渣引子	
冶炼过程中取样	EASI1	炉渣	5.28，20:00
	EASI2	炉壁渣	5.30，16:05
	EASI3	炉渣	5.30，18:00
	EASI4	炉渣	5.30，21:20
	EASI5	炉渣	5.30，21:28
	EASI6	炉渣	5.30，21:41
	EASI7	炉渣	5.30，21:48
	EASI8	炉渣	5.30，23:25
	EASI9	炉渣	5.30，23:40
	EASI10	炉渣	5.31，00:07
	EASI11	炉渣	5.31，00:45
	EASI12	炉渣	5.31，01:15
	EASI13	炉渣	5.31，01:47
	EASI14	炉渣	5.31，02:15
	EASI15	炉渣	5.31，02:50
	EASI16	炉渣	5.31，03:33
	EASI17	渣铁混合物	5.31，04:50
	EASI18	炉渣	5.31，05:43
	EASI19	炉渣	5.31，06:20
	EASI20	炉渣	5.31，07:28
	EASI21	炉渣	5.31，07:50

种　类	样品号	名　称	取样时间
	EASI22	炉渣	5.31，08:15
	EASI23	炉渣	5.31，08:53
	EASI24	炉渣	5.31，09:40
	EASI25	炉渣	5.31，10:36
	EASI26	炉渣	5.31，11:45
	EASI27	炉渣	5.31，11:56
	EASI28	铁颗粒	5.31，12:33
	EASI29	炉渣	5.31，13:50
	EASI30	铁块	5.31，15:35
	EASI31	炉渣	5.31，17:50
	EASI32	炉渣	5.31，18:57
	EASI33	炉渣	5.31，20:55
	EASI34	铁块	5.31，21:51
	EASI35	铁块	5.31，23:20
冶炼过程中取样	EASI36	炉渣	6.1，00:00
	EASI37	铁块	6.1，00:09
	EASI38	渣、铁块	6.1，00:24
	EASI39	铁块	6.1，00:42
	EASI40	炉渣	6.1，01:55
	EASI41	渣铁混合物	6.1，02:35
	EASI42	铁块	6.1，04:04
	EASI43	铁块	6.1，05:30
	EASI44	铁块	6.1，06:10
	EASI45	铁块	6.1，07:34
	EASI46	铁块	6.1，08:10
	EASI47	炉渣	6.1，09:35
	EASI48	炉渣	6.1，10:15
	EASI49	铁块	6.1，11:50
	EASI50	鼓风管内渣	6.1，13:30
	EASI51	渣铁混合物	6.1，15:57

附录 5 无纸记录仪记录数据表

时间 2013 年 5 月 30 日 19 点 54 分至 6 月 3 日 6 点 17 分止，记录间隔 1min，总计 4698 组数据，篇幅所限，选择每 40 分钟记录温度，第一行数字表示热电偶的号码，风速计记录的风速由于设备所限，未能连续记录。

组序	时间	4	5	7	8	9	10	11	12	13	14	15	16	17	18	19	20	21	22	23
1	30 19:59	325	509	146	108	616	329	724	319	263	197	304	95	179	195	174	249	134	139	93
2	30 20:59	337	547	152	109	633	440	927	666	450	255	455	349	278	264	232	331	201	201	105
3	30 21:59	319	553	159	112	669	520	956	768	539	324	526	404	327	314	270	385	241	250	123
4	30 22:59	347	578	182	111	747	617	959	890	647	398	616	415	421	406	321	445	323	349	143
5	30 23:59	339	618	213	112	805	680	668	950	723	462	691	1429	517	485	389	522	405	409	170
6	31 00:59	342	625	247	114	853	705	741	978	814	527	735	916	576	536	437	565	439	461	200
7	31 01:59	344	632	280	117	888	728	683	979	862	587	769	1429	602	575	475	605	469	491	228
8	31 02:59	348	649	315	120	938	777	588	991	895	632	801	1428	623	586	481	635	480	467	251
9	31 03:59	352	681	351	125	1013	807	665	999	900	672	805	1428	621	590	508	679	469	471	275
10	31 04:59	343	698	392	130	1034	814	785	1002	914	695	811	1429	648	589	546	740	482	475	296

数据类型 通道 时间 — 温度/℃

续表

组序	时间	通道（数据类型）温度/℃ 4	5	7	8	9	10	11	12	13	14	15	16	17	18	19	20	21	22	23
11	31 05:59	351	730	434	134	1172	897	733	1075	995	780	861	1336	708	621	642	834	519	521	315
12	31 06:59	348	734	481	139	1233	1053	699	1129	1106	927	945	708	769	675	688	843	561	538	335
13	31 07:59	273	745	505	145	1223	1070	757	1109	1164	1024	1010	-343	781	664	713	849	563	527	355
14	31 08:59	286	749	514	151	1177	1023	1131	1072	1141	1029	1023	1430	812	673	731	837	569	559	374
15	31 09:59	299	752	523	157	1121	977	1395	1026	1120	1017	1013	835	783	682	673	853	579	561	388
16	31 10:59	310	738	533	163	1112	957	1430	1001	1142	1033	1029	20	827	712	729	866	589	594	399
17	31 11:59	322	736	542	168	1088	932	1431	981	1128	1033	1028	1143	833	763	757	844	617	629	407
18	31 12:59	333	816	549	173	1090	927	-120	973	1144	1049	1038	214	858	815	766	884	628	653	412
19	31 13:59	343	843	556	179	1073	911	1411	967	1129	1024	1039	1431	836	772	765	895	615	613	421
20	31 14:59	351	801	563	184	1028	876	978	944	1080	979	1006	1217	862	749	767	933	602	590	428
21	31 15:59	358	814	568	188	1049	876	1204	930	1122	978	998	1289	890	788	781	870	561	592	427
22	31 16:59	365	813	574	192	1044	873	1405	926	1113	986	1012	1228	895	827	798	883	576	647	425
23	31 17:59	372	827	579	196	1038	862	954	916	1093	987	1014	1430	880	837	804	921	622	650	428
24	31 18:59	378	883	582	200	1032	853	929	905	1077	977	1006	1430	802	801	754	897	588	560	447
25	31 19:59	383	909	584	203	1035	854	1430	904	1104	985	1014	1430	901	825	786	942	630	631	448

续表

| 组序 | 时间 | \multicolumn{19}{c}{温度/℃} |
	数据类型/通道	4	5	7	8	9	10	11	12	13	14	15	16	17	18	19	20	21	22	23
26	31 20:59	389	930	587	205	1031	856	1429	913	1115	986	1022	1429	930	844	827	1033	661	644	454
27	31 21:59	392	941	593	208	1015	847	1367	925	1114	979	1039	1429	947	841	863	1029	648	633	467
28	31 22:59	395	973	614	211	1012	845	1415	957	1131	982	1065	1429	923	842	876	1053	664	654	483
29	31 23:59	401	980	616	214	1021	853	132	964	1102	979	1066	1429	939	823	880	1089	707	636	504
30	01 00:59	405	1003	627	217	1027	862	-344	967	1100	979	1076	-303	941	817	910	1096	723	631	531
31	01 01:59	408	1054	631	219	1032	863	1428	949	1071	973	1063	20	956	818	903	1159	753	664	560
32	01 02:59	411	1043	634	222	1064	880	1428	942	1074	986	1053	1428	980	818	911	1181	763	671	594
33	01 03:59	414	949	637	225	1090	892	1117	957	1079	1016	1032	1428	1001	835	932	1217	748	710	635
34	01 04:59	418	913	640	228	1076	887	1428	940	1070	1011	1020	1428	1025	847	951	1167	793	752	667
35	01 05:59	422	938	642	230	1084	894	735	928	1076	1019	1020	1428	1041	858	959	1260	806	755	694
36	01 06:59	425	969	643	232	1081	951	-327	933	1091	1021	1026	1429	1077	877	983	1265	851	787	737
37	01 07:59	430	1050	643	234	1190	984	-313	942	1110	1040	1064	1429	1085	900	982	1176	821	788	761
38	01 08:59	434	1085	641	237	1195	986	-315	948	1131	1059	1096	1429	1100	937	972	1064	865	790	773
39	01 09:59	437	1129	639	239	1225	988	-311	954	1128	1110	1101	1430	1111	942	937	1030	816	727	767
40	01 10:59	441	1123	637	241	1200	995	-304	961	1133	1131	1121	1430	1122	1013	915	915	847	810	761

续表

温度／℃

组序	时间	4	5	7	8	9	10	11	12	13	14	15	16	17	18	19	20	21	22	23
41	01 11:59	447	1136	638	244	1160	980	-300	956	1126	1103	1092	1431	1108	1014	881	951	835	835	751
42	01 12:59	452	1076	641	246	1133	966	-244	948	1131	1090	1101	1431	1117	1026	880	911	830	816	743
43	01 13:59	456	1051	643	248	1110	968	-110	954	1123	1078	1084	1431	1098	1026	880	1016	793	801	737
44	01 14:59	461	1028	646	251	1093	981	-36	943	1115	1066	1111	-343	1072	1015	903	904	748	768	738
45	01 15:59	465	1017	650	253	1078	997	1431	937	1100	1057	1110	1431	1065	1010	923	805	777	745	722
46	01 16:59	469	1002	659	255	1054	952	1430	919	1074	1032	1060	1430	1021	970	903	917	800	779	714
47	01 17:59	473	979	660	257	1020	920	1167	901	1033	995	982	-343	954	945	860	940	780	755	717
48	01 18:59	475	939	659	259	1001	892	993	883	984	955	930	-343	792	922	831	895	594	740	719
49	01 19:59	477	895	657	261	971	869	1414	866	941	917	904	-340	828	892	808	876	698	725	721
50	01 20:59	478	863	653	262	715	847	1413	849	905	891	885	-319	788	860	796	795	530	639	715
51	01 21:59	479	839	648	264	665	827	1402	831	867	876	862	-167	705	835	761	464	214	470	479
52	01 22:59	480	820	642	266	655	810	1429	814	790	838	800	-321	529	654	684	473	111	104	335
53	01 23:59	480	795	636	267	837	791	1429	796	716	764	714	-21	503	545	624	338	98	100	149
54	02 00:59	479	749	629	269	558	762	1429	767	658	718	653	-344	478	476	519	410	97	98	148
55	02 01:59	477	725	620	270	511	728	1428	736	620	681	611	-331	391	389	296	118	97	99	110

温度/℃

组序	时间	4	5	7	8	9	10	11	12	13	14	15	16	17	18	19	20	21	22	23
56	02 02:59	476	704	610	272	496	691	1429	704	583	653	552	-337	355	358	206	97	91	96	98
57	02 03:59	473	679	597	273	459	643	1429	644	446	637	508	-322	103	376	120	99	90	97	97
58	02 04:59	469	659	583	274	432	601	1429	602	426	626	476	-310	99	380	109	96	93	94	95
59	02 05:59	465	640	567	274	411	571	1428	575	421	615	455	-303	100	400	115	100	90	92	93
60	02 06:59	460	624	552	274	423	550	1429	557	421	606	440	-300	104	432	135	105	84	91	91
61	02 07:59	455	610	537	274	427	536	1429	544	424	602	437	-136	113	479	171	114	81	89	90
62	02 08:59	449	597	521	273	434	525	1429	535	429	601	435	-17	97	521	156	96	71	89	89
63	02 09:59	443	586	507	273	448	517	1430	528	421	598	433	147	95	546	121	96	83	94	87
64	02 10:59	437	574	493	272	655	508	1430	517	397	580	424	682	81	151	101	98	72	87	87
65	02 11:59	430	557	479	270	598	497	1431	427	307	511	414	1014	92	94	100	95	84	93	89
66	02 12:59	424	493	466	269	547	482	1431	365	237	435	404	1431	90	87	100	95	84	91	90
67	02 13:59	417	466	452	267	535	462	1431	353	208	425	387	1431	74	87	99	93	75	88	88
68	02 14:59	410	459	436	266	541	447	1431	348	189	422	372	1431	83	86	98	96	78	427	87
69	02 15:59	403	454	421	264	536	435	1431	342	176	415	365	1431	80	85	98	95	79	85	86
70	02 16:59	394	437	406	262	536	424	1431	336	169	404	355	1431	78	83	95	92	75	81	86

续表

组序	时间	4	5	7	8	9	10	11	12	13	14	15	16	17	18	19	20	21	22	23
71	02 17:59	386	423	391	259	539	414	1430	331	165	394	345	1430	76	83	95	87	73	77	82
72	02 18:59	378	410	377	256	546	407	1430	328	160	384	334	1430	74	83	93	90	69	76	80
73	02 19:59	373	395	365	253	544	400	1430	326	157	376	324	1430	70	84	95	88	67	78	79
74	02 20:59	366	379	354	250	549	394	1430	324	154	368	314	1430	67	85	94	85	63	77	75
75	02 21:59	358	343	345	247	485	389	1429	322	145	353	305	1429	64	88	96	85	60	74	72
76	02 22:59	348	229	338	246	169	342	1429	318	139	296	173	1429	70	91	85	96	66	87	74
77	02 23:59	338	169	296	231	187	237	1429	283	136	245	98	1429	60	90	92	85	55	84	68
78	03 00:59	217	142	173	227	190	207	1429	237	130	233	93	1429	62	85	91	91	58	81	73
79	03 01:59	177	125	175	233	187	203	1428	220	122	228	88	1428	62	80	87	86	57	76	77
80	03 02:59	168	117	179	228	183	205	1428	211	117	227	86	1428	60	77	83	83	54	72	76
81	03 03:59	160	113	183	225	178	205	1428	205	114	227	87	1428	58	74	79	81	52	69	74
82	03 04:59	152	110	186	220	222	204	1428	201	111	231	89	1428	57	71	77	81	50	65	72
83	03 05:59	149	107	188	214	322	203	1428	198	107	246	94	1428	55	68	74	82	48	63	70

数据类型/通道　温度/℃

组序	时间	温度/℃																风压/Pa	风速/m·s⁻¹
数据类型 / 通道		24	25	26	27	28	29	30	31	32	33	34	35	36	37	38	39		
1	30 19:59	165	166	156	163	162	282	124	203	118	149	112	111	103	83	117	139	1654	9.37
2	30 20:59	169	282	161	212	202	399	141	283	126	182	114	118	132	93	170	198	623	9.17
3	30 21:59	185	302	172	252	260	509	183	334	145	216	123	132	161	109	196	229	1570	8.72
4	30 22:59	207	326	189	322	316	608	179	399	165	266	136	150	200	127	243	279	1585	13.84
5	30 23:59	232	352	209	345	372	670	216	540	193	322	152	171	253	156	309	343	1495	18.71
6	31 00:59	259	381	229	367	433	714	250	766	225	375	173	195	294	186	348	378	1644	10.31
7	31 01:59	285	411	247	380	500	749	294	917	254	418	195	222	329	213	363	409	2000	12.99
8	31 02:59	311	447	265	376	557	783	306	946	280	454	216	254	354	232	377	432	2009	14.37
9	31 03:59	335	498	285	372	604	808	352	1091	305	477	235	287	367	248	396	449	2000	15.57
10	31 04:59	358	551	305	389	649	829	362	1138	324	497	254	321	380	260	436	474	2175	11.37
11	31 05:59	378	629	328	374	717	910	457	1187	345	517	277	366	401	273	506	513	1477	9.9
12	31 06:59	405	723	371	228	820	1078	516	1186	370	556	306	419	426	290	524	523	1475	
13	31 07:59	437	53	419	296	958	1160	593	1177	396	583	340	469	438	305	544	542	2077	
14	31 08:59	466	57	445	370	967	1136	642	1171	419	595	370	502	453	318	557	560	1457	
15	31 09:59	485	56	454	440	958	1105	665	1231	441	608	393	526	465	332	572	553	1379	

续表

组序	时间	通道 24	25	26	27	28	29	30	31	32	33	34	35	36	37	38	39	风压/Pa	风速/m·s⁻¹
										温度/℃									
16	31 10:59	495	129	464	586	986	1108	700	1267	458	631	411	555	473	344	573	561	1901	
17	31 11:59	504	72	471	708	982	1097	726	1239	478	667	431	577	497	359	582	566	1995	
18	31 12:59	509	68	476	706	1005	1104	776	1273	496	700	452	605	505	377	592	545	1991	
19	31 13:59	517	64	484	584	989	1075	786	1315	520	722	472	622	525	396	595	579	1021	
20	31 14:59	525	52	487	688	948	1026	767	1266	538	694	490	636	512	402	580	566	1042	
21	31 15:59	526	80	482	634	967	1020	790	1315	550	698	500	656	503	403	566	507	2048	
22	31 16:59	527	52	484	610	972	1027	800	1262	568	723	512	669	504	409	624	517	1700	
23	31 17:59	529	73	485	649	959	1031	815	1297	582	742	525	681	520	419	611	534	2125	
24	31 18:59	532	62	486	658	947	1022	802	1430	593	734	539	688	538	433	581	550	1250	
25	31 19:59	532	55	485	552	959	1032	830	1430	596	736	544	699	534	433	609	561	1156	
26	31 20:59	533	62	487	528	971	1027	853	1429	611	753	553	714	552	438	632	595	1139	
27	31 21:59	535	45	489	439	975	1016	872	1298	628	763	565	737	570	446	680	596	834	
28	31 22:59	538	47	489	366	997	1017	888	-317	647	773	584	774	575	456	674	630	1254	
29	31 23:59	543	45	491	516	986	1010	904	-325	661	772	607	812	587	462	679	665	1211	
30	01 00:59	548	47	495	579	985	1013	916	942	679	770	634	863	611	469	711	695	1345	

数据类型

续表

组序	时间	温度/℃ 24	25	26	27	28	29	30	31	32	33	34	35	36	37	38	39	风压/Pa	风速/m·s⁻¹
31	01 01:59	554	43	498	636	967	1004	907	1089	690	769	654	887	625	474	715	722	2505	11.82
32	01 02:59	556	46	502	568	969	1017	907	1090	701	771	671	914	642	481	720	779	1369	14.8
33	01 03:59	558	36	512	543	971	1049	897	1090	720	780	685	947	650	491	776	833	1478	7.71
34	01 04:59	564	29	516	552	962	1041	882	1098	735	791	695	982	665	501	789	837	1392	14.9
35	01 05:59	565	55	520	493	968	1047	883	1103	749	799	706	1012	684	512	801	886	1703	13.52
36	01 06:59	567	48	526	440	973	1045	881	1106	768	811	717	1040	710	524	801	922	1546	15.71
37	01 07:59	569	39	540	455	993	1064	896	1075	788	828	729	1036	713	537	802	871	1191	
38	01 08:59	572	52	552	447	1005	1087	922	1066	804	852	738	1015	731	546	776	872	2137	
39	01 09:59	575	51	563	432	1010	1134	945	1051	819	869	742	986	716	548	733	827	1954	
40	01 10:59	578	63	574	425	1013	1149	985	967	838	901	743	965	738	554	694	816	1901	
41	01 11:59	583	77	580	427	1008	1124	976	968	849	930	736	936	742	568	676	794	1933	
42	01 12:59	588	51	585	422	1008	1108	978	1075	857	946	728	920	743	582	685	786	1984	
43	01 13:59	591	77	587	414	1006	1092	972	552	863	959	721	911	738	592	679	804	1972	
44	01 14:59	595	60	591	395	999	1078	988	608	863	957	719	910	714	596	689	770	2022	
45	01 15:59	598	52	599	395	992	1069	1002	733	858	957	722	881	708	594	698	724	2372	

续表

组序	时间	数据类型\通道 温度/℃																风压/Pa	风速/m·s⁻¹
		24	25	26	27	28	29	30	31	32	33	34	35	36	37	38	39		
46	01 16:59	601	42	606	473	975	1042	958	829	853	940	727	866	725	596	711	778		
47	01 17:59	602	38	608	592	950	999	909	885	838	907	728	861	718	601	704	793		
48	01 18:59	602	1430	608	643	920	959	889	902	796	871	720	851	632	603	707	792		
49	01 19:59	600	1429	605	665	889	916	876	898	764	840	711	837	645	601	711	796		
50	01 20:59	597	1429	601	675	862	893	861	866	749	817	705	822	630	601	665	592		
51	01 21:59	594	1429	596	678	837	876	843	823	725	795	698	787	453	574	518	130		
52	01 22:59	591	1429	591	659	796	818	816	715	678	468	688	726	193	454	429	117		
53	01 23:59	587	1429	586	651	746	732	770	631	632	474	669	670	100	340	394	101		
54	02 00:59	582	1429	581	645	701	689	718	579	593	429	646	622	104	244	196	102		
55	02 01:59	576	1428	574	542	665	654	678	544	559	325	616	581	98	167	101	98		
56	02 02:59	568	1429	564	539	630	628	633	492	517	345	554	414	95	152	98	95		
57	02 03:59	560	1429	554	252	572	617	594	446	273	360	451	318	85	134	98	93		
58	02 04:59	548	1429	542	398	534	609	563	411	220	354	361	261	93	122	98	94		
59	02 05:59	536	1428	529	426	512	603	538	340	209	358	341	268	92	120	97	94		
60	02 06:59	524	1429	516	432	497	601	520	214	211	377	332	265	87	122	95	93		

续表

| 组序 | 时间 | 温度/℃ | | | | | | | | | | | | | | | | 风压/Pa | 风速/m·s⁻¹ |
		24	25	26	27	28	29	30	31	32	33	34	35	36	37	38	39		
61	02 07:59	513	1429	503	432	486	600	506	185	212	404	325	261	83	124	93	93		
62	02 08:59	502	1429	492	430	479	600	494	171	163	435	318	248	71	126	89	83		
63	02 09:59	492	1430	481	426	471	596	484	-57	98	440	304	168	77	111	95	87		
64	02 10:59	483	1430	472	420	456	587	472	11	97	171	240	129	66	99	96	88		
65	02 11:59	474	1431	463	412	423	523	457	973	95	97	218	123	74	96	95	91		
66	02 12:59	462	1431	454	401	349	455	444	11	93	96	203	119	78	94	92	92		
67	02 13:59	447	1431	445	121	311	443	431	23	89	94	193	119	71	94	88	89		
68	02 14:59	433	1431	436	98	283	441	418	642	88	92	144	110	76	91	82	87		
69	02 15:59	420	1431	427	106	262	430	406	1431	85	90	105	105	75	89	82	87		
70	02 16:59	408	1431	418	155	248	414	395	1431	84	88	103	103	74	85	77	85		
71	02 17:59	397	1430	409	183	238	404	383	-11	82	87	102	101	72	82	71	81		
72	02 18:59	385	1430	401	207	229	393	371	-20	80	86	100	99	70	80	74	81		
73	02 19:59	375	1430	393	124	223	385	360	-14	78	86	100	97	67	79	79	79		
74	02 20:59	365	1430	385	154	216	376	349	-29	75	85	99	94	63	78	82	75		
75	02 21:59	356	1429	378	169	210	361	339	-17	73	88	98	91	59	76	87	73		

续表

		温度/℃																风压/Pa	风速/m·s⁻¹
		24	25	26	27	28	29	30	31	32	33	34	35	36	37	38	39		
76	02 22:59	346	1429	371	185	202	265	252	-19	71	93	98	91	60	82	65	84		
77	02 23:59	337	1429	360	191	195	198	95	-44	70	91	95	89	55	81	72	69		
78	03 00:59	326	1429	336	98	181	211	85	-47	71	87	91	92	54	79	85	82		
79	03 01:59	313	1428	315	98	166	209	79	-45	71	83	88	88	54	76	83	82		
80	03 02:59	301	1428	302	98	157	210	80	-42	69	79	85	84	53	71	79	80		
81	03 03:59	289	1428	292	103	150	214	89	-27	67	76	82	81	51	68	75	77		
82	03 04:59	278	1428	284	111	145	227	100	-17	64	72	79	79	50	65	72	75		
83	03 05:59	268	1428	277	122	140	257	112	-10	62	70	76	76	48	61	71	72		

附录6　热成像仪记录数据

由于篇幅所限，以每个班次为标准即每8个小时为一个周期，另外结合工艺操作的时间点，进行收录。

5月30日16:58，炼铁准备中。图中可以明显看出炼铁炉的温度分布非常平均，左图炉顶温度偏高，热电偶的套管及集气的铁管温度属于较低的范围，从不同角度拍摄炼铁炉，总体温度范围相差不大。

5月31日00:02，炉门方向的炼铁炉总体温度已经上升，而右图中拍摄位置为炉门左侧，升温不是很明显。

5月31日03:03，炉体中部有一个亮点温度明显高于其他位置，推测已经开始有漏气，右图为5月31日6:57左右炉顶温度分布。

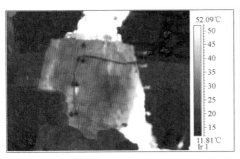 

5月31日7:32，选用不同量程和色调的拍摄方式所得。右图为经过软件分析后图像，相比左图较为清楚，可以看出炉顶已经开始出现了几个大的裂缝，此时渣口出了一些流动性较好的渣，由于拍摄点距离炼铁炉距离为7.47m，距离的热量散失还是非常大的。

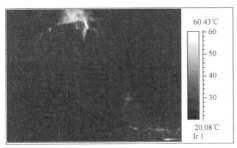 

5月31日20:04，两图位置均为炉后，从左图可以看出炉顶有个豁口，从右图可以明显看出豁口向下的位置相比其他炉壁位置温度要高。

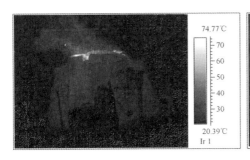 

6月1日4:04，拍摄时设定量程较大，突出铁口和渣口的温度，右图为炉门左侧的位置，可以看出集气铁管的两侧即炉门上方和炉后风口位置的温度要高于炉门右侧的温度。

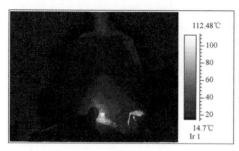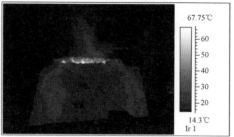

6月1日7:52，右图为左图经过软件调节后得出，可以看出炉门上方的炉壁砌筑没有出现温度比较高的点，该位置的炉壁厚度均匀，筑炉材料的连接较好。

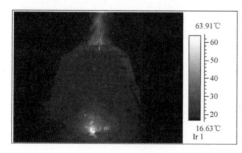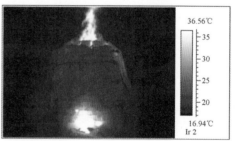

6月1日7:54，右图为左图通过软件调节得到，按照鼓风和炉内炉料的化学反应，炉前和炉后的炉壁温度要高于炼铁炉的左侧和右侧，而炉顶出现的豁口也导致了温度的升高；从右图可以看到4个深色的圆，为放置热电偶的位置，按照颜色可以推出温度在20℃左右，该圆头通过连接补偿导线把炉内和炉壁的温度传送到无纸记录仪上实时显示，由此可以得出此时热电偶的冷端满足测量要求。

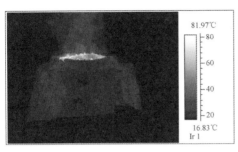 

6月1日16:03，由图可以看出，渣口出现流动性较好的渣，由右图经过后期的工艺措施，加入筑炉的黏接岩石的材料，缝隙漏气漏火情况有所好转。

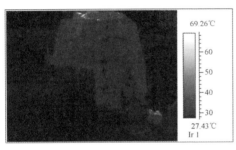 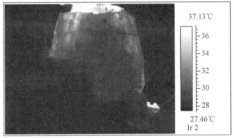

6月2日0:04，经过约5h的加水冷却，效果已经可以通过左图看出，而铁口、渣口的位置温度仍然较高，推测此时的水分参与了炉内的化学反应，左图通过软件调节得出右图，右图炼铁炉上部有一条补偿导线形成的线，其温度保证了无纸记录仪显示的温度为冷端的温度，右图的炼铁炉总体的温度分布比较均匀，可以得出整体冷却效果良好。

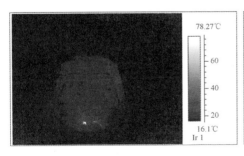 

6月2日0:07，左图为炉门左侧炼铁炉总体温度分布，右图为炉门右侧炼铁炉总体温度分布，可以看出炉顶靠后部分冷却效果已经比较明显。

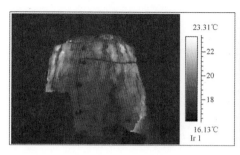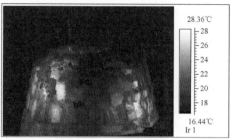

6月2日8:08，可以看出，自6月1日16:45堵住风口，停风后，19:00开始通氮气冷却，20:00通水冷却后，炉外壁温度出现降低后有上升的现象，推测水分虽然起到了冷却作用，但是在一定程度上，参与炉内化学反应的过程，也放出了热量。

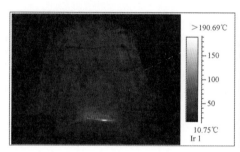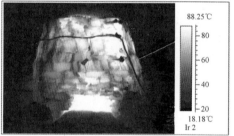

6月2日15:47，自8:08经过7个多小时的冷却过程，通过左图很难判断温度降低情况，经过软件调节后从右图可以看出温度有所下降；起始的温度早上的温度低于下午的温度，温差的因素也应在研究的范围内，冷却过程中出现的温度回升。

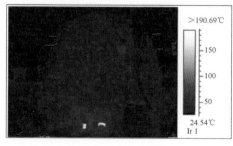

附录 7　炉体解剖取样表

样品号	名　称	X	Y	Z
EAJPA1	炉口外撒草拌泥坯	30	0	−46
EAJPB1	炉料	0	0	−61
EAJPB2	炉衬	30	0	−61
EAJPB3	炉衬	0	30	−61
EAJPB4	炉衬	−30	0	−61
EAJPB5	炉壁内粘结材料	−45	0	−61
EAJPB6	青石	15	10	−78
EAJPB7	矿石	−14	20	−78
EAJPC1	炉料	0	0	−85
EAJPC2	矿石	14	22	−85
EAJPC3	炉衬	0	26	−85
EAJPC4	炉内壁岩石脱落块	26	0	−85
EAJPC5	炉壁	40	24	−85
EAJPC6	炉壁	30	10	−90
EAJPC7	渗入缝隙中的木炭末	20	30	−86
EAJPC8	矿石	−8	10	−100
EAJPC9	石灰	20	9	−100
EAJPC10	炉衬	−26	0	−90
EAJPC11	炉衬	0	26	−90
EAJPC12	炉衬	30	10	−90
EAJPD1	炉料中青石	0	0	−101
EAJPD2	矿石	22	7	−101
EAJPD3	炉料	30	0	−101
EAJPD4	炉料	0	30	−101
EAJPD5	炉料	−30	0	−101
EAJPD6	炉衬	30	0	−101
EAJPD7	炉衬	0	30	−101

续表

样品号	名 称	X	Y	Z
EAJPD8	炉衬	−30	0	−101
EAJPD9	炉内壁	40	10	−126
EAJPD10	渣铁混合物	−10	20	−124
EAJPD11	空洞边缘烧琉炉壁	26	7	−124
EAJPD12	空洞间夹石	28	25	−130
EAJPE1	炉料	0	0	−131
EAJPE2	炉料	30	0	−131
EAJPE3	炉料	0	30	−131
EAJPE4	炉料	−30	0	−131
EAJPE5	矿石	10	20	−131
EAJPE6	渣铁混合物	15	0	−140
EAJPE7	大块矿、炭混合物	20	10	−146
EAJPE8	热电偶上炉内壁	0	50	−146
EAJPE9	炉内壁岩石及靠内烧琉部分	0	30	−146
EAJPE10	空洞边缘炉衬	35	5	−146
EAJPE11	炉衬	−30	0	−146
EAJPE12	炉壁岩石及烧结	35	15	−146
EAJPE13	软熔带物质，炉壁、木炭等烧结块，上有圆柱状物质	15	15	−166
EAJPE14	渣、铁、矿混合物	5	5	−166
EAJPE15	炉壁岩石及烧结	30	0	−166
EAJPE16	风口上方砂岩	80	0	−150
EAJPF1	炉料	0	0	−167
EAJPF2	炉料	30	0	−167
EAJPF3	炉料	0	30	−167
EAJPF4	炉料	−30	0	−167
EAJPF5	炉内外壁间填充材料（干）			

样品号	名　称	X	Y	Z
EAJPF6	炉内外壁间填充材料（湿）			
EAJPF7	炉衬，疑似软熔带物质	0	30	−167
EAJPF8	炉料（炉瘤）	0	15	−185
EAJPF9	风口上烧琉炉衬	60	0	−170
EAJPF10	风口上滴落状物质	60	0	−170
EAJPG1	炉料	30	0	−191
EAJPG2	炉料	0	30	−191
EAJPG3	炉料	−30	0	−191
EAJPG4	炉衬	−30	0	−191
EAJPG5	炉衬	0	30	−191
EAJPG6	炉衬	30	0	−191
EAJPG7	炉外壁			
EAJPG8	炉料	0	0	−191
EAJPG9	风口回旋区上方炉料	30	0	−191
EAJPG10	风口回旋区下方石块	30	0	−211
EAJPH1	炉衬	0	30	−226
EAJPH2	炉料	−30	0	−226
EAJPH3	铁口内沿上侧炉料内的滴落状物质	25	0	−226
EAJPH4	铁口内侧炉衬及滴落带物质	30	0	−226
EAJPH5	炉料	0	0	−226
EAJPH6	炉膛底部炉料	0	30	−235
EAJPH7	炉底	0	30	−240
EAJPH8	死料区沉重物质，疑似铁块	15	15	−230
EAJPI1	炉底夯土			

后　记

2013 年春，由北京科技大学冶金与材料史研究所、阳城县科技咨询服务中心共同组成项目组，在山西省阳城县蟒河镇范上沟村进行了一次古代冶铁竖炉复原和模拟试验。

本试验得到国家文物局"指南针计划"项目"中国古代冶铁炉的炉型演变研究"和国家自然科学基金项目"中国古代冶铁竖炉演变的仿真研究"的资助。

常言道"知易行难"，但只有真正付诸实践了才理解到其中的意味。尽管是一次小型冶铁试验，但麻雀虽小五脏俱全，其复杂程度和建一个小炼铁厂无异：缺少合适场地，从北京到山西边远山区寻找；政府早已将小高炉关停，冶炼需要的矿石、木炭等很难通过市场获取；严格的经费报销制度与多样的实际支出之间的矛盾；处理与政府官员、商人、村民、工人之间的关系；协调合作者之间的分工与利益诉求等。伴随着试验的推进，我们越来越强烈感受到开展实际工作的不易。这给在"象牙塔"中成长起来的大学教授和研究生们上了极其生动的一课。

这次试验也带给我们很多鼓舞和感动。每当寻求帮助的时候，人们听到要进行古代冶铁模拟试验，都特别热情地提供各种便利。开炉当天，有很多人特地远道而来观看开炉仪式，成为范上沟村多年未有的盛况。冶炼的时候，正值春夏之交，沟里翠柳满山，景色宜人，大有"久在樊笼里，复得返自然"之感。历经半年多的准备，看到熊熊炉火、滚滚渣水的时候，我们的热情也被点燃，对中华先民的伟大创造力感到震撼和由衷的钦佩。

这次试验让我们对古代冶铁活动的各个环节，如选矿、配矿、整粒、装料、布料、炉前操作、鼓风、出渣出铁、故障排查，以及炉内状况，如炉料分布、炉衬侵蚀、风口空腔、炉壁结瘤等都有了直观、深刻的感受，对古代竖炉冶铁技术的认识得到了前所未有的提高。试验积累了大量基础数据，随着数据分析工作的推进，对古代冶铁运行过程的理解也与日俱增。

这次竖炉冶铁试验由潜伟、王铁炼、黄兴负责，是在全体参与人员和诸多社会人士共同努力下完成的。

各阶段的参与者如下：

初期准备：北京科技大学潜伟、黄兴、刘培峰、刘海峰、席光兰、韦博、董国豪、陈虹利；阳城县科技咨询服务中心王铁炼、吴学亮；阳城县蟒河镇吉抓住、吉军红、吉二红、王铁山、许国亮、王敦善。

建炉期间：北京科技大学潜伟、黄兴、刘海峰、谭亮、穆浴阳、陈虹利、雷丽芳；阳城县科技咨询服务中心王铁炼、吴学亮；阳城县蟒河镇吉抓住、吉军红、吉二红。

冶炼期间：北京科技大学潜伟、黄兴、刘培峰、刘海峰、崔春鹏、谭亮、穆浴阳、陈虹利、雷丽芳；阳城县科技咨询服务中心王铁炼、吴学亮；阳城县蟒河镇吉军红、吉二红、赵国瑞、吉龙战、王敦善、马淑珍、李宪兵、吉长胜、李丰胜、原天虎、张龙龙、张立社、吉往往、张小库、刘宽成。

炉体解剖期间：北京科技大学潜伟、黄兴、刘海峰、崔春鹏、谭亮、穆浴阳；阳城县科技咨询服务中心吴学亮；阳城县蟒河镇吉抓住、吉军红。

本书由潜伟担任主编，黄兴担任副主编。各章初稿撰写：第一章：黄兴；第二章：黄兴；第三章：刘培峰、黄兴、刘海峰；第四章：谭亮；第五章：刘海峰、谭亮；第六章：刘海峰；第七章：黄兴、刘培峰。全书统稿、校对：潜伟、黄兴。

感谢北京科技大学韩汝玢教授、孔令坛教授、李延祥教授、张建良教授，首都钢铁公司原总工程师刘云彩先生，晋城市冶金研究所黄廷昌先生，清华大学冯立昇教授，中国科学院自然科学史研究所华觉明研究员、关晓武研究员，北京大学陈建立教授，陕西考古研究院李建西博士的亲切指导和帮助。

冶铁竖炉的复原与冶炼试验结束了，带给我们的收获却刚刚开始。本书是这次冶炼试验的纪实性报告，更深入的科学研究还正在进行中，相信必会取得突破性成果，深入揭示中华先民的卓越智慧。

编　者

2016 年 10 月